企劃學

打造企劃腦，讓你的方案更有說服力

郭泰——著

推·薦·序

企劃思考

詹宏志

一、企劃人　一群在不同組織擔任企劃工作的人聚在一起，常常發現他們彼此所稱的「企劃」指的是很不相同的內容，也發現他們的工作職位（或職稱）非常不一樣。也許他們會因此興起一個疑問：到底「企劃人」是什麼？如果我們要對企劃做一點「形上思考」，排除不同名稱、不同職級、不同工作內容，試圖找到一個共通的性質，我會想把企劃人解釋為「對資源與任務做辯證曲思的行動組織者」。

二、辯證曲思者　為什麼企劃人對資源與任務之間進行「曲行式」的辯證思考的人？企劃人幾乎都面對一個任務（一種具體的或長或短或多元的目標），也都面臨一種「資源處境」，他的工作就是從「資源處境」（通常是匱乏的）找到達成任務的途徑。可是，如果資源到任務的某一條路徑是明顯存在的，所謂「企劃」不過是「線型規劃」求最適解的過程；事實上，許多企劃工作的資源與任務根本無解，或者，資源與任務本身都不是那麼明確可以理解。企劃人在工作時，常常從資源想到任務，再回頭重新解釋資源，再向

前改寫任務，在此一來回返復的過程中實踐成果──也就是說，企劃和線型規劃最大的不同是「題目和條件都可以修改」。這樣的思考，恰恰和直線相反，所以我稱它是「曲行的」（Recursive）；又因為下一個思考發展一方面反對前者，一方面也吸納前者，所以是「辯證的」（Dialectical）。

三、花與果實　讓我舉個例子來看企劃思考的辯證性格。假如我是一位出版社的企劃人，我們覺得出版一種《台灣社會白皮書》是有意義的，這樣的工作大致可以用五百萬的預算來完成；另一方面，我們的資源環境是「這樣一本書的行情定價不超過二百五十元，預期的讀者數量不超過五千人」。從線型規劃的觀點，這是無解的題目；但在企劃人眼中，我們要用新的題目來「否定」這個題目並「包含」這個題目。我們就發現解決途徑可能包括：

- 如何使這五千名讀者願意以二千五百元的價格（行情十倍）接受這本書。
- 如何找到五百萬捐款，以進行這項工作，使出版工作預算降到零。
- 如何找到一群志同道合的社會學者，他們願意義務奉獻心力，「無價」完成這本書，使工作預算降到五十萬。
- 把計劃擴大成書五種、電視五集，加上錄影帶等等，

總預算增加到七百萬，但市場也擴大到足以支撐。

就像花是花苞的否定形式、果實是花的否定形式，但後者到前者是一個連續不可分的過程；這種後一問題對前者的否定並持續，就是辯證的簡義。而我們的思考來回奔馳在資源與任務之間，所以它是反覆曲行的。

四、水平性格　　因為企劃思考有這種「非直線」的特性，它對發散性思考（或俗稱的創意思考）就不得不有某種依賴。它仰賴各種無標準答案的、跨範疇的、非習慣的思考能力，這是談企劃力、企劃案的書都強調創造性思考的緣故。

五、行動檢核　　企劃人不只是思考者，他是為行動而思考的人，檢核企劃思考的不二法門，仍是從「行動結果」而來的。企劃思考關心的，終極而言不是問題的本質，而是逼近問題的方法（Approaches）。企劃思考的這個特色，使它和創意有別；它的前半部是創造性思考，後半部卻是歸納行動的步驟。它要從「修改後的」資源與任務出發，提出一個線型的工作計畫來，它的工作才算真正完成。

六、企劃人的條件　　因為企劃人不是思考問題本質的人，而是使問題發生結果之人，他常常得利用到流轉在社會中的

各種動能。因此，好的企劃人常常是懂得社會的人，他是一個社會資源的動員者、社會情緒的回應者、社會對話的設計者。不只是這樣，他能夠樂觀地去尋找線型規劃以外的答案，當然是假設了社會現象本身有著一種「合目的性」，而且相信「理性力量」能夠到達、能夠掌握。沒有這樣的信仰，不可能成為企劃人。

七、現在該做什麼　企劃人被理解、被重視的時間還不多，有關企劃人是什麼、他的工作和道德該怎樣，討論得也不多。現階段，我們從實踐中尋找企劃人的 Identity（本質）、尋找他們的規範和典型、整理他們的技術和經驗，可能都是有意義的事。在這樣的歷史進程中，郭泰的《企劃學》做為一個沉默、踏實、基礎的準備工作，就顯得加倍清晰。

推薦者簡介：

詹宏志，台灣南投人，台灣大學經濟系畢業，曾任工商時報副刊組主任、中國時報藝文組主任、時報周刊總編輯、遠流出版公司總經理、商業周刊發行人、台灣波麗佳音唱片公司總經理、城邦文化董事長等職。著有《趨勢索隱》、《創意人》、《城市人》、《E世代：數位世界的九十九則觀察》等書。現任 PChome Online 網路家庭國際資訊公司董事長。

寫好企劃案·鹹魚大翻身

　　怎樣寫企劃案與怎樣寫好企劃案是年輕人進入職場立刻就要面對的兩大難題,問題是台灣的學校教育,從小學到大學,甚至研究所,從沒教過「企劃」這門課程。唯一與企劃沾上一點邊的,就是大學企管系的「行銷學」與企管研究所的「策略規劃」課程。然而,由於行銷學的侷限性(談的僅僅是行銷的四個 P)與策略規劃的理論性(偏向理論缺乏實用性),因而即使是 MBA 的高材生,假如沒經過三五年的磨練,要寫好一個企劃案,還是非常吃力。

　　由於企劃案的好壞,往往決定企業某一階段的成敗,因此年輕人大學畢業進入職場工作,立刻就要面臨撰寫企劃案的考驗。糟糕的是,不但學校裡沒有教怎樣寫企劃案(學校填鴨式的教育,反而扼殺了撰寫企劃案的能力),就是社會上也缺乏一本能正確告訴我們怎樣寫企劃案、怎樣寫好企劃案的書籍;再加上社會上的企劃高手把如何撰寫企劃案視若祕笈,不願輕易傳授,因此一般人在撰寫企劃案時,只好如瞎子摸象,盲目中探索,到底寫得對不對,寫得好不好,就只有天曉得了。

　　《企劃學》這本書,正是針對上述難題而撰寫的,其內

容包括下面八個章節。

　　前面的四個章節主要針對企劃新手，內容包括：

　　一、企劃的定義與要素。

　　二、撰寫企劃案的八個簡單步驟。

　　三、十四個好用的企劃案格式。

　　四、激發創意的二十個方法。

　　上述四個章節提供了一個企劃新手最需要的一些東西，包括：企劃案的定義，撰寫企劃案時最需要的步驟與格式等等，其中還包括了激發創意的一些方法。

　　後面的四個章節主要針對企劃老手，內容包括：

　　五、企劃高手的五個腦袋。

　　六、企劃高手醞釀好點子的十項生活特色。

　　七、企劃高手預測未來的七個方法。

　　八、十個有用的企劃案實例，這些實例可供企劃新手與老手在撰寫企劃案時拿來模擬與參考。

　　本書之完成，要特別感謝三個人：

　　第一是周浩正兄，他是我最敬佩的企劃編輯人，他提供了膾炙人口的《智慧銀行企劃案》與《某少年雜誌創刊企劃案》。

第二是詹宏志兄的序文，他是台灣公認頂尖的企劃高手，此序讀來亦擲地有聲、振聾發聵。

第三是老同學陳家和兄，他是同學中表現最出色的廣告人，他以幾十年廣告經歷慨然提供的《新產品開發企劃案格式》與《德恩耐行銷與廣告企劃案》使本書增色許多。

三位友人的高情隆誼，當永記心頭。

2023 年 12 月 1 日　郭泰

關於企劃的雙邊對談

向「企劃學」邁出的一小步

趙政岷（時報文化出版董事長）VS.郭泰（作者）

趙政岷：「企劃」這個名詞出現在台灣的時間不算長，不過被人引用的時機愈來愈多。我們知道一開始的時候，也是只有「經濟學」，而沒有「管理學」，後來在各種理論出現之後，「管理學」才從經濟學中獨立出來。我很好奇的是，「企劃」有沒有可能產生和管理一樣的效應，到最後成為一門獨立的「企劃學」呢？

郭泰：這個問題很有趣，其實也是我多年來一直想請教別人的。根據我的研究，「企劃」這個詞最早是 1965 年從日本傳來的，開始受到社會的重視，大概是這三十幾年的事。

在大學裡最早和企劃相關的課程，是管理學中「行銷企劃」這一科，另外和企劃比較相近的，則是企研所裡「策略規劃」這項課程。所以可以看得出來，企劃原本只是附著在行銷之下，在公司裡也僅止於寫寫所謂「行銷企劃案」而已。

不過，近幾年情況似乎有了些變化，企劃愈來愈受重視，而且應用領域愈來愈寬廣，甚至回過頭來反而涵蓋了管理。當然，要成為一門獨立的「企劃學」，是需要很完備的

理論做基礎，所以還需要時間慢慢沉澱、累積。不過我想照這個情況發展下去，應該是很有可能的。

趙政岷：就如您說的，企劃的重要性和普遍性都愈來愈高，各行各業、大大小小的公司行號，幾乎都有「企劃」這個職稱。但是有趣的是，每個單位的企劃人，所做的事好像都不一樣。您是不是可以談一談，一個周全的企劃，到底應該包含哪些要素，或說如果要成為企劃高手，有哪些大方向可以努力？

郭泰：我在《企劃學》這本書裡，曾經很大膽地從「策略規劃」的角度，替企劃下了一個定義：「企劃就是企業的策略規劃，為企業整體性與未來性的策略，它包括從構思、分析、歸納、判斷、一直到擬訂策略、方案實施，事後追蹤與評估過程。簡言之，它是企業完成其目標的一套程序。」但是我自己比較喜歡的，卻是另一個更寬廣的定義：「為了解決某一個問題或達成某一個目標，構思出巧妙的創意，同時，此一創意必須是可行的。」

在這個定義裡面有三個重點：第一是「為了解決某一個問題或達成某一個目標」，這一句話顯示出了企劃的開闊性。解決問題的主體，不再侷限於企業這個狹隘的範圍內，可以是公司、是機構、是個人，甚至是國家，所以推論到最後，就是人人都需要企劃的能力。

第二個重點，是要能構思出巧妙的點子。解決問題沒有標準答案，愈是能打破舊習、推陳出新愈好。要想出好點

子，要靠豐富的想像力，有時候年紀愈小，愈沒有經驗者，在這方面的表現反而比較好，不會被許多理論、規範、制度等給框死了。

趙政岷：就像現在 90 後所謂的「新人類」，腦子裡各種古靈精怪的想法都有，那些不按牌理出牌的點子，有時還真是讓舊人類望塵莫及。

郭泰：不過舊人類也有自己的優點，就是執行力強。這也就是第三個重點：想出來的點子，事後要證明是可行的。很多人誤以為創意就是企劃；或說一個絕佳的點子，一定能發展成絕佳的企劃，這都是錯誤的觀念。創意固然重要，但它只是企劃過程中的一部分，有時候靈光一現，一個巧妙的點子就在偶然間誕生了。然而「想法」到「執行」之間是有落差的，點子的能否實現，還需要很多主、客觀的條件配合。比方說：人員的調度協調、資源的分配運用，甚至應用時機是否成熟等等，都是決定企劃成敗的因素。所以說評估企劃案的優劣與企劃能力的高低，是要從整體性著眼，只要以實踐成效做評估指標，就很清楚了。

趙政岷：照您的說法，企劃能力其實是一門跨學門、超時空的能力，可大可小，無所不包。

郭泰：沒錯，就像呂不韋遇見秦國公子異人之後的一切作為，就是一個了不起的企劃案，是一個目的在於「竊取一國」的超級大企劃案，呂不韋個人的企劃能力更是非常人所能及。

趙政岷：不過依照現今大學內各科系的分類法，這些應屬於整體性的能力，會被切割得支離破碎，無法聯貫起來。

郭泰：是啊！企劃能力的高低不但無法反應在學校的課業成績上，也無法用量化去評估。平常看起來調皮搗蛋、愛看雜書、積極參與社團活動的學生，企劃能力會比較強；往後在企業中容易出人頭地的，也常常是這批在校成績不見得很好的人。所以說，學校第一名常常不是社會的第一名。

趙政岷：不過您在《企劃學》一書中，列舉了撰寫企劃案的八個步驟與激發創意的二十個方法，這些應該都是企劃能力吧！

郭泰：你說的沒錯，但那只是企劃人的一些基本功，要成為一名企劃高手，還必須具備一些其他條件。

趙政岷：我看您在《企劃學》一書中，特別列舉了企劃高手必須具備的腦袋、生活特性以及預測未來的能力。我個人對「預測未來的能力」這個部分印象最深刻，我還沒見過有別的企劃書寫這一點，很特別。

郭泰：這也是我寫得最辛苦的一章，本來已經決定放棄不寫了，但是後來冷靜一想，全書可能最精采也是最有價值的，就是這個部分，所以我又開始大量蒐集資料、閱讀，構思很久才完成。短短一章，就花了我半年的時間。

趙政岷：辛苦是有代價的。在這個新舊世紀交替的時候，產生了很多所謂「世紀末的亂象」，不管是管理也好、行銷也好，過去建立的那一套經驗邏輯，似乎都被推翻了。

甚至有人說，現在最好的管理方式就是「忘掉過去，一切重新開始」。在這種情況下，就更加顯現出「預測未來的能力」的重要性了。

郭泰： 的確，能看得到未來的人，將會是最大的贏家。從約翰‧奈思比、艾文‧托佛勒所寫的未來學，都受到全世界各行各業重視、引發話題這一點就看得出來，大家對預知未來的需求有多麼迫切。

趙政岷： ……而且貧乏。以往所謂的「預言家」，好像都是一些巫師、命相師、占星家之流的人，靠的多半是「特異功能」，一般人也不知道該信不該信。現在只要能運用《企劃學》裡面預測未來的七個方法，人人都能試著去學習預測未來，真的是十分吸引人。

郭泰： 過去企劃人的工作，往往流於參考舊檔案，整理資料，寫寫企劃案而已。就像「市場調查」為什麼一直遭人詬病，就是因為它調查出來的，都是今天以前的事實，無法顯現出明天以後的趨勢。而一個優秀的企劃高手，一定要具備未來感，才能發想出具前瞻性的企劃案。這是一項最重要又最難具備的能力，也是我會想提出來專章討論的原因。

趙政岷： 讓我眼睛一亮，還有第八章中的十個企劃個案，我看其中有一半是您寫的，另一半是別人寫的。

郭泰： 慚愧得很，我寫的那五個只是野人獻曝罷了，最值得參考與借鏡的三個企劃案，分別是周浩正寫的「智慧銀行企劃案」、陳家和寫的「德恩耐行銷與廣告企劃案」，以

及郭兆賢寫的「房地產行銷與廣告企劃案」，這三個是我心目中的經典之作。

　　趙政岷：您太客氣了，我覺得「個人生涯規劃企劃案」就別具一格，發人深省。

　　郭泰：那只是我個人對生涯規劃的一段告白，或許對現代的年輕人有一點點啟示吧！

你是企劃新手時 ▸

　　如果你是一位企劃新手，突然之間要求你去寫一個企劃案，一定手足無措，根本不知從何下手。這時我建議你先翻閱《企劃學》第一章，先弄清楚什麼是企劃與企劃案。

　　❶ 企劃乃是有效地運用手中有限的資源，激發出創意，選定可行的方案，以達成某一目標或解決某一難題。原來企劃是用創意來達成目標或解決難題的好構想與好方法。

　　❷ 企劃案（或稱企劃書）乃是把企劃用文字（或文字加圖案）完整表達出來的東西。

　　對毫無經驗的新手來說，要思索出企劃案的格式或架構極為困難，這時候最需要一些可以模擬參考的格式。

　　❶ 《企劃學》列舉的十四種企劃案格式，都是最為常見而且可以隨手拿來模擬參考的現成企劃案格式。

　　❷ 舉例來說，假設你想要寫一個行銷廣告企劃案，即可參考第三章〈格式二〉行銷企劃案與〈格式四〉廣告企劃案；假設你想要寫一個員工教育訓練企劃案，即可參

考第三章〈格式八〉員工訓練企劃案與〈格式九〉推銷員訓練企劃案；假設你想開一家網路商店，即可參考第三章〈格式一〉一般企劃案與〈格式七〉網路商店企劃案。

❸ 這種模擬參考的過程很像學寫毛筆字的臨帖，我們小時候學寫毛筆字，乃是把標準字帖置於旁，摹仿其筆畫而書寫，久而久之，就能寫出漂亮的毛筆字。依此原則，參考我所列舉的十四種格式，再加以融會貫通，我確信你一定能寫出盡善盡美的企劃案。

❹ 當然，你也可以憑這些現成的第三章的十四個格式為基礎，然後根據自己的實際需要增增減減，改良出一個最適合自己格式的企劃案。

三、撰寫企劃

選妥模擬參考的格式，就可以開始撰寫企劃案。

❶ 在撰寫企劃案的過程中，你心中必須牢記企劃案的要素，即 why、what、who、whom、when、where、how、how much、evaluation 等九個要素，其各別詳細內容請參考《企劃學》第一章的〈定位二〉。

❷ 撰寫企劃案的第一個步驟是「界定問題」，請參看第二章。

❸ 撰寫企劃案的第二個步驟是「蒐集現成資料」，請參看第二章。

❹ 撰寫企劃案的第三個步驟是「市場調查」，請參

看第二章。

　　❺　撰寫企劃案的第四個步驟是「把資料整理成情報」，請參看第二章。

　　❻　撰寫企劃案的第五個步驟是「產生創意」，請參看第二章與第四章激發創意的二十種方法。此步驟最重要，乃企劃案成敗關鍵所在。

　　❼　撰寫企劃案的第六個步驟是「選擇可行的方案」，請參看第二章。

　　❽　撰寫企劃案的第七個步驟是「寫成企劃案」，請參看第二章。

　　❾　撰寫企劃案的第八個步驟是「實施與檢討」，請參看第二章。

　　❿　至此，對新手而言，整個撰寫企劃案的過程就算大功告成。

想晉身企劃高手

一、激發創意

　　如果你是一位企劃老手，企劃案的格式與撰寫企劃案的步驟對你而言，早已駕輕就熟，這時你需要的不再是格式與步驟，而是能夠打動潛在顧客的絕佳點子。這時，第

四章激發創意的二十個方法對你大有益處。

二、打動人心

　　倘若你覺得這二十個激發創意的妙方早已耳熟能詳，我建議你好好去讀第五章企劃高手的五個腦袋，據我所知，很多打動人心的大賣點都是從這五個腦袋想出來的。

三、生活特色

　　假如你是位資深企劃人，麻煩你核對一下，你有第六章所指的十項生活特色嗎？如果有的話，我恭喜你，如果沒有的話，我們彼此共勉之。

四、預測未來

　　第七章預測未來的七個方法，這是許多企劃老手最需要卻又最缺乏的能力。一般企劃書籍很少討論此重要議題，值得你好好精讀與吸收。

十個好用的企劃案實例 ▸

　　個案部分共列舉了十個實例，其中五個由友人提

供，五個由筆者撰寫，不論新手或高手在撰寫企劃案時均值得拿來模擬與參考。其中「智慧銀行企劃案」、「德恩耐行銷與廣告企劃案」、「房地產行銷與廣告企劃案」是經典之作。

目錄・CONTENTS

CH.1

企劃的定義與要素

CH.2

撰寫企劃案的八個簡單步驟

CH.3

十四個好用的企劃案格式

目錄・CONTENTS

CH.4

激發創意的二十個方法

CH.5

企劃高手的五個腦袋

CH.6

企劃高手的十項生活特色

目錄・CONTENTS

CH.7

企劃高手預測未來的七個方法

CH.8

十個好用的企劃案實例

企劃的定義與要素

這是一個用企劃力決定勝負的時代，在學會寫好企劃案之前，你一定要明瞭企劃的定義，企劃案的九個要素以及企劃與計劃的差別。

● 定位一

企劃到底是什麼？

　　現代企業的功能（Business Functions），除人事、行銷、生產、財務、研究發展之外，「企劃力」已成為決定企業成敗的關鍵。

▌定義與要素

　　「企劃」一詞大約在 1965 年左右自日本引進，起初的二十年，並未受企業界重視。從 1985 年起，由於消費大眾的欲望愈來愈複雜化與多樣化，消費心理瞬息萬變，造成企業面臨前所未有的衝擊，不但同業間的競爭愈演愈烈，而且稍不留神，企業可能就遭淘汰了。客觀的條件逼得企業日益倚重企劃，甚至已普遍產生「沒有企劃，就沒有企業」的共識了。

企劃的定義

　　有人說，企劃就是為了實現某一目標或解決某一問題，所產生的奇特想法或良好構想。而且，此一構想既可期待其成果，亦可付諸實施。

　　也有人說，企劃就是一齣有趣的戲劇。企劃人是編劇、

導演，企劃案就是劇本。企劃人必須根據劇本，導演出一齣備受歡迎的戲劇。

更有人認為，企劃就是企業的策略規劃，企業針對某特定目的或整體性目標規劃出的策略，它包括從構思、分析、歸納、判斷，一直到擬定策略、方案實施、事後追蹤與評估過程。簡言之，它是企業完成目標的一套程序。

根據維基百科的解釋，企劃又稱策劃，是一個由個人、多人、組織團體、甚至是企業為了完成某個策略性目標而必經的首要程序；包括從構思目標、分析現況、歸納方向、判斷可行性，一直到擬訂策略、實施方案、追蹤成效與評估成果的過程。

上述四種說法都言之成理，其實一言以蔽之，有效地運用手中有限的資源，激發出創意，選定可行的方案，達成某一目標或解決某一難題，那就是企劃了。

企劃的要素

人類構思的過程大概是這樣的：運用各種不同的思考方法產生構想，好的構想就成為創意，而有目標的、可能實現的創意（或是用創意來做工），就變成企劃了。

由此可知，企劃有別於構想與創意，它應包括下列三個要素：

（一）**必須有嶄新的創意**：企劃的內容必須新穎、奇特，令人拍案叫絕，使人產生新鮮、有趣的感覺。

（二）**必須是有方向的創意**：再好的創意，若缺乏一定的方向，勢必與目標脫節，就不能成為企劃了。

（三）**必須有實現的可能**：在現有人力、財力、物力、時間的限制之下，有實現的可能，才是企劃。否則再好的創意均屬空談。

企劃與計畫

企劃與計畫被人混為一談，其實兩者差異很大，企劃近似英文 strategy 加 plan，而計畫則是英文的 plan。有關企劃與計畫的不同，請參看表一。

舉一個實例來說，同樣是出版社的編輯，假如他做下列的工作：出書的方向、選書、開發作家群、決定版本開數、封面的設計、書籍的訂價等，那是「企劃」。假如他做下列的工作：下標題、校對與印刷廠聯繫等，那是「計畫」。

一個「企劃編輯」必須掌握原則，決定出版什麼書（原則與方向）。在出書的方向確定之後，至於每本書要怎麼完成（程序與細節），就交給「計畫編輯」（亦即執行編輯）處理了。

我們用美國領導理論大師華倫·班尼斯（Warren Bennis）的名句 do right things（做對的事情）與 do things right（把事

情做對）來區別企劃與計畫。企劃是領導者（Leader），必須掌握企業的原則與方向，以開創的性格帶領部屬去做對的事情；計畫是管理者（Manager），必須根據領導者指定的方向，以保守謹慎的態度，處理好每一個程序與細節，最終把領導交辦的事情做對、做好。由此可知，企劃與計畫有很大的不同。

表一｜企劃與計畫之差異表

企劃	計畫
必須有創意	不需創意
無中生有，天馬行空	範圍一定，按部就班
掌握原則與方向	處理程序與細節
what to do （做些什麼）	**how to do** （怎麼去做）
活的，變化多端	死的，一成不變
開創性	保守性
挑戰性大	挑戰性小
需長期專業訓練	僅需短期訓練

企劃案與企劃部

▌企劃案的要素

　　把企劃用文字（或文字加圖案）完整地表達出來，就成為企劃案（或稱企劃書）了。企劃案包括 6W2H1E 等九個要素，6W 是 why、what、who、whom、when、where，2H 是 how、how much，E 是 evaluation，茲說明如下：

　　→1. **why**：企劃案的緣起與動機。

　　→2. **what**：企劃案的內容與目標。

　　→3. **who**：參與此企劃案的人。

　　→4. **whom**：此企劃案訴求的對象。

　　→5. **when**：此企劃案進行的時間與過程安排。

　　→6. **where**：此企劃案進行時有關之地點。

　　→7. **how**：如何順利完成此企劃案。

　　→8. **how much**：完成此企劃案所需之經費。

　　→9. **evaluation**：企劃案施結束後之效益評估。

企劃案的種類

從企劃的定義可知，企劃案包羅萬象，大到國家大事（譬如國家經濟發展企劃案），小到個人生涯（譬如個人生涯規劃企劃案），都是其範疇，因此種類繁多，不勝枚舉。然而單就企業的觀點而言，最常見的企劃案，大約是下列十四種：

→1. 一般企劃案

→2. 行銷企劃案

→3. 新產品開發企劃案

→4. 廣告企劃案

→5. 零售店廣告企劃案

→6. 銷售促進企劃案

→7. 網路商店企劃案

→8. 員工訓練企劃案

→9. 推銷員訓練企劃案

→10. 公共關係企劃案

→11. 年度經營企劃案

→12. 企業長期經營策略企劃案

→13. 房地產投資可行性企劃案

→14. 社團活動企劃案

　　許多人誤解企劃案就是指行銷企劃案或廣告企劃案而言，從上面的說明可知，企劃案包含的範圍甚廣，行銷與廣告企劃案只不過是其中的兩種罷了。

　　上述常見的十四種企劃案的格式，在第三章中有詳細的說明。

▍企劃部門的職掌

　　近年來，國人企業紛紛成立企劃部門。有些企業的企劃部權責很大，等於是經營者的最高智囊團，有些企業的企劃部權責很小，只負責廣告業務，甚至只做一些資料統計與剪貼的工作。

　　企劃部門是企業的最高智囊單位，它最主要的工作，應該是協調各部門，建立共識，擬定各種不同的企劃案，發揮企業整體作戰力，以達成各階段的目標。

　　一般而言，企劃部門的職掌可區分為企業策略規劃與一般性企劃兩大預：

　　（一）企業策略規劃：這是屬於較長期的戰略性企劃工作，包括：企業長期經營策略企劃、企業重新定位企劃、投

資可行性企劃、企業競爭態勢企劃、企業多角化經營企劃、企業形象的建立等等。

（二）**一般性企劃**：這是屬於較短期的戰術性企劃工作，包括：年度經營企劃、行銷企劃、新產品開發企劃、廣告企劃、員工訓練企劃、公共關係企劃、促銷活動企劃等等。

撰寫企劃案的
八個簡單步驟

請按照本章闡述的八個步驟,一步一步來,撰寫企劃案就變
得容易多了。

界定問題

　　撰寫企劃案的第一個步驟就是界定問題。先介紹一個狀況。

杜拉克問題法

　　世界頂尖的管理顧問彼得・杜拉克（Peter F. Drucker），在從事診斷顧問工作時，情形是這樣的：雙方坐定之後，雇主總會提出一大堆管理上的難題向杜拉克請教。杜拉克推開這些問題，然後反問客戶說：

　　「你目前最想做的一件事是什麼？」

　　「你為什麼要去做這件事？」

　　「你目前必須去做的一件事又是什麼？」

　　「你目前正在做什麼事呢？」

　　「你為什麼會去做這件事呢？」

　　杜拉克不替客戶「解決問題」，而是替客戶「界定問題」。他改變客戶所問的問題，提出一連串的問題反問客戶，目的在幫助客戶認清問題，找出問題，然而讓客戶自己動手解決那個最需處理的問題。客戶常花時間去處理自己想做、愛做的事情，卻忽略了最急迫、最必須去處理的重要

問題。

通常，客戶愉快地離開杜拉克的辦公室時，都會說：「這些我都知道，為什麼我沒去做呢？」

而杜拉克則說：「如果客戶離開我的辦公室時，他覺得學到了許多新東西，那麼，要不是我的效率太差，就是他是個笨蛋。」

杜拉克的診斷過程給我們重大的啟示：我們往往為了追求結果，導致沒用心花時間去界定問題。我們經常草率提出問題，卻花數月、甚至數年去解決這個不重要的問題。其實我們只要界定問題，把問題簡單化、明確化、重要化（即判斷出問題的重要性），那麼問題就解決了一半。

▌ 界定問題的四個方法

方法一：專注於重要的問題

如果你認為每一件事都很重要，結果會變成沒有一件事是重要的。就像我們想同時完成多個目標，結果往往一個目標也達不成。

有一位老師為了具體證明選定一個目標的重要，叫一名學生上台，雙手各拿一支粉筆，命他同時在黑板上，右手畫方，左手畫圓，結果學生畫得一團糟。

追逐兩兔，不如追一兔。一個人同時有兩個目標的話，到頭來一事無成，世界上成功的人物，都是針對一個目標咬

住不放的人。他們一輩子只專心做一件事，豈有不成之理？

假如我們不能專注於最值得解決的重要問題，我們很可能解決了一個不重要或是錯誤的問題。這樣一來，非但重要的問題沒解決，反而因為處理錯誤的問題而製造出新的難題。

專注於重要問題，就好比射擊時要瞄準槍的準星一樣，失之毫釐，差之千里，一定得慎重其事。

方法二：細分問題

軍人設法把敵軍切割成若干小部分，然後集中兵力予以各個擊破，以贏得戰爭；編輯知道把一本書細分章與節，並在節中加入許多小標題，以使讀者便於理解。

實驗主義大師杜威（John Dewey）說：「將問題明確地指出，就等於解決了問題的一半。」那麼，要把問題明確化，就得縮小問題的範圍；而縮小問題最好的方法，就是細分問題了。

任何東西都可細分，以電話為例，可細分為：電話的顏色、形狀、構造、功能、材料等等。

任何問題亦可細分，以「如何防止小偷？」為例，可細分為：社區的警衛、門鎖、警鈴、守望相助、機動警網巡邏等等。

發明家凱特琳（Charles F. Kettering）曾說：「研究就是要把問題細分化，因而可能發現其中很多已知的，再去專心

解決那些未知的。」這一段話對細分問題的重要性，做了最好的說明。

方法三：改變原來的問題

先說一則實例。

有一部載滿水果的手推車停在樓梯口，某甲要把水果抬上樓梯，由於一個人的力氣不足，想找一個人來幫忙，湊巧某乙路過，某甲上前請某乙幫忙。

某乙問某甲：「你有什麼困難呢？」

某甲問道：「我想把一車的水果弄上樓梯，一個人抬不動，所以想請你幫忙。」

某乙指著不遠處的電梯說：「你為什麼不用旁邊的電梯把水果搬上樓呢？」

某甲聽了，不禁啞然失笑。他並非笨蛋，竟然沒想到附近有電梯可利用。他被「如何把水果弄上樓梯」的問題框死了，如今某乙把他的問題改變為「如何把水果搬到樓上」之後，問題就迎刃而解了。

改變問題會使問題更明確、更清楚。名經濟學家傅利曼（Milton Friedman）碰見別人問他問題時，總喜歡改一下別人的問題，經他改變問題後，答案自動就浮現了。原來，傅利曼用「改變問題」來回答問題。

方法四：運用「為什麼」的技巧

被稱為台灣「經營之神」的企業家王永慶「追根究柢」的經營理念，就是用一連串的「為什麼」來追問部屬，一直問到水落石出，清清楚楚，才肯罷休。「為什麼」將使問題簡單化、明確化、重要化。

舉個實例來說明。

假定某人想要更有錢，於是產生「我要如何才能更有錢？」的問題。

先用第一個「為什麼」追問。為什麼你想更有錢？假定那人答道：「我為了積蓄更多的錢，以便能提早退休。」原來他想要更有錢，是為了能提早退休。於是，「我要如何才能有錢？」變成「我要如何才能提早退休？」

再用第二個「為什麼」追問。為什麼你想要提早退休？假定他答道：「我提早退休後，才能到各地旅行。因為環遊世界是我一生的願望。」原來他提早退休，是為了環遊世界。於是，「我要如何才能提早退休？」變成「我要如何才能環遊世界？」

透過「為什麼」的追問後得知，「想更有錢」與「提早退休」均非正確的問題，「環遊世界」才是明確、簡單、重要的問題。

在界定問題後，立刻就有解決之道：建議他加入外交工作，或是轉入旅遊業。

如果我們一直停留在模糊的問題——「我要如何才能更

有錢」，可能一輩子解決不了問題，因為「發財」比「轉業」要困難多了。

先界定，再解決

愛因斯坦說：「精確地陳述問題遠比解決問題重要得多。」從上面的實例分析，即可深刻體會出這句話的意義了。

拳王阿里曾經表示，他致勝的祕訣就是，在奮力一擊之前，先以輕擊來試探對手的抵抗力。換言之，阿里在解決問題（奮力一擊）之前，先界定問題（以輕擊試探）。

好的開始是成功的一半，當你在擬訂一個企劃案時，不論是要解決某一問題，或要達成某一目標，只要把問題（或目標）界定得簡單、明確而又重要，事實上你已經成功一半了。

● 步驟二

蒐集現成資料

　　撰寫企劃案的第二個步驟就是蒐集資料。

　　資料依據來源，可區分為現成資料與市場調查資料兩大類。

　　現成資料的獲得，都來自現成的書籍、網站與報章雜誌、現成的企業內部資料、政府出版的普查與統計資料、現成的登記資料、現成的調查報告等五種。由於這些資料都是間接獲得，所以稱之為第二手資料，或是次級資料（Secondary Data）。

　　市場調查資料的獲得，都來自向消費者、經銷商、競爭同業、原料供應廠商調查得來。由於這些資料都是直接調查獲得，所以稱之為第一手資料，或是初級資料（Primary Data）。

　　現成資料與市場調查資料的不同，就在取得的方式不同而已，前者現成取得（或購買），後者實地調查。本節討論蒐集現成資料，至於市場調查資料，將在下一節中詳細討論。

五種資料來源

蒐集現成資料，是一種既迅速又經濟的方法，不過必須熟悉各種資料的來源，才不會曠日廢時，徒勞無功。下面介紹五種資料來源：

書籍、網路與報章雜誌

針對所要的主題，從書籍、網站、報紙、雜誌、商業刊物、專業性期刊中去蒐集。

有關書籍方面，除了到各大書局找外，可參閱哈佛企管顧問公司編印的《企業管理資料總錄》（是一本企業圖書目錄），亦可到國家圖書館或各大學圖書館、縣市圖書館查閱。

關於報紙方面，政治大學社會資料中心收藏有各大報的完整資料，各報依年按月裝訂，查閱上非常方便。至於期刊論文方面，可以參考國家圖書館編著較全面性的《期刊論文索引》，那會是一條省時可靠的線索。

現成的企業內部資料

企業的活動頻繁，所產生的資料散落在各部門，倘若善加整理，就會變成擬訂企劃案的寶貴參考資料。

（一）營業部門的客戶資料

　　客戶資料包括：客戶名稱、地址、訂貨日期、訂貨項目、訂貨數量、價格等，從上述客戶資料即可整理客戶別的營銷狀況、區域別的營銷狀況、產品別的營銷狀況，而這些資料在撰擬行銷企劃案、銷售促進企劃案、甚至新產品開發企劃案時，都是重要的參考情報。

（二）製造部門的生產資料

　　從企業的製造部門，可獲得作業流程、生產力、品管檢驗、機器設備使用率等資料，這些都是撰擬品質管制企劃案的重要參考資料。

（三）其他部門的資料

　　其他財務、人事、總務部門的資料（例如薪資資料、資產負債表、損益表、獲利率、人員流動率、客戶徵信狀況、設備折舊率），也都是撰寫企劃案的寶貴依據。

政府出版的普查與統計資料

　　政府每年所出版的普查與統計資料種類繁多，比較有參考價值者，計分下列八大類，五十四小項。

（一）綜合類

　　‧《工商企業經營概況調查年報》，經濟部統計處印

行。

- 《社會指標統計》，行政院主計處印行。
- 《經濟統計年報》，經濟部統計處印行。
- 《農林漁牧業普查報告》，行政院主計處印行。
- 《工商及服務業普查報告》，行政院主計處印行。
- 《台灣地區攤販經營概況調查報告》，行政院主計處印行。
- 《國富統計報告》，行政院主計處印行。
- 《台灣廠商經營調查》，月刊，行政院經建會印行。
- 《糧食供應年報》，行政院農委會印行。

（二）人口類

- 《台灣地區人口統計》，年刊，內政部戶政司印行。
- 《人力資源統計年報》，行政院主計處印行。
- 《人力運用調查報告》，行政院主計處印行。
- 《戶口及住宅普查報告》，行政院主計處印行。
- 《事業人力僱用狀況調查報告》，行政院主計處印行。
- 《婦女婚育與就業調查報告》，行政院主計處印行。
- 《國內遷徙調查報告》，行政院主計處印行。
- 《失業勞工需求調查報告》，行政院勞委會印行。

（三）國民所得類

- 《國民所得統計年報》，行政院主計處印行。
- 《家庭收支調查報告》，行政院主計處印行。
- 《國民所得統計分析》，年刊，行政院經建會印行。
- 《台北市家庭收支調查報告》，年刊，台北市政府主計處印行。
- 《高雄市家庭收支調查報告》，年刊，高雄市政府主計處印行。
- 《薪資與生產力統計年報》，行政院主計處印行。

（四）金融與物價類

- 《財政統計月報》，財政部統計處印行。
- 《財政統計年報》，財政部統計處印行。
- 《賦稅統計年報》，財政部統計處印行。
- 《台灣地區商品價格月報》，行政院主計處印行。
- 《台灣地區物價統計月報》，行政院主計處印行。

（五）貿易類

- 《進出口貿易統計月刊》，財政部統計處印行。
- 《進出口貿易統計年刊》，財政部海關總稅務司署印行。
- 《近年來對外貿易發展概況》，年刊，經濟部國貿局印行。
- 《外銷訂單統計年刊》，經濟部統計處印行。

（六）製造類

- 《製造業經營實況調查報告》，經濟部統計處印行。
- 《製造業對外投資實況調查報告》，經濟部統計處印行。
- 《製造業國內投資實況調查報告》，經濟部統計處印行。
- 《製造業自動化及電子化調查報告》，經濟部統計處印行。
- 《工業生產統計年報》，經濟部統計處印行。

（七）交通類

- 《民眾使用網際網路狀況調查報告》，交通部印行。
- 《自用小客車使用狀況調查報告》，交通部印行。
- 《機車使用狀況調查報告》，交通部印行。
- 《計程車營運狀況調查報告》，交通部印行。
- 《遊覽車營運狀況調查報告》，交通部印行。
- 《汽車貨運調查報告》，交通部印行。
- 《主要國家交通統計比較》，交通部印行。

（八）預測與經濟預測

- 《民生重要物資供需數量預測》，年刊，經濟部統計處印行。

- 《全國總供需估測報告》，年刊，行政院主計處印行。
- 《台灣景氣對策信號》，月刊，行政院經建會印行。
- 《台灣景氣動向指標》，月刊，行政院經建會印行。
- 《國際經濟情勢週報》，行政院經建會印行。
- 《國際經濟情勢半年報》，行政院經建會印行。
- 《國際經濟情勢年報》，行政院經建會印行。
- 《台灣經濟情勢季報》，行政院經建會印行。
- 《台灣經濟情勢半年報》，行政院經建會印行。
- 《台灣經濟情勢年報》，行政院經建會印行。

上述五十四項資料，可向中國統計學社、三民書局等單位洽購。

登記資料

政府除了出版上述的普查與統計資料之外，還有若干登記資料頗具參考價值，例如：出生與死亡的登記、新公司的工商登記、監理所的汽機車登記、特種營業登記等等。

現成的調查報告

台灣若干財團法人（譬如：外貿協會與台北市進出口公會）與商業機構（譬如：哈佛企管公司、中華徵信所）經常舉辦各色各樣的市場調查，他們都有現成的調查報告，可向這些單位索取或洽購。

● 步驟三

市場調查

　　當所蒐集的現成資料不足，無法滿足需求時，就得依賴市場調查，以獲得所需之資料。這是撰寫企劃案的第三個步驟。

　　市場調查資料，顧名思義，就是直接向消費者、經銷商（包括批發商與零售店）、競爭同業、原料供應廠商等調查得來的資料。最常用的市場調查方法有兩種，一種是詢問法（Question），另一種是觀察法（Observation）。

詢問法

　　所謂詢問法，就是以發問的方式問受訪者問題而獲得資料的方法。通常都得先擬妥問卷後再進行訪問。

　　因徵詢方式的不同，詢問法又可區分為人員訪問法、電話訪問法以及信函訪問法三種：

人員訪問法

　　利用受過訓練的訪員，向抽樣的受訪者訪問，用面對一問一答方式獲得資料。

　　若干年前，聯廣公司曾在台灣進行口香糖、香皂、洗臉

用清潔劑、洗髮粉、汽水、可樂、鮮乳、沙拉油、洗衣粉、電視機、電冰箱、洗衣機等產品各品牌消費狀態之調查,全島抽取二千個家庭為樣本,並委派數百名訪員逐一訪問。此種蒐集資料的方式,就是人員訪問法。

電話訪問法

先抽好樣本,並設計好訪問題目,再用電話訪問獲取資料。舉例來說,台灣每次的總統大選,各大電視與報紙媒體都會做藍綠候選人支持度與看好度的調查。他們按事先抽妥的樣本戶,逐一打電話問問題。此種蒐集資料的方式就是電話訪問法。

信函訪問法

擬妥問卷寄給樣本戶,請被訪者按題逐一回答後寄回。

哈佛企管公司曾經針對台大、政大、成大等十二所大學應屆畢業生(包括文、理、法、商、工、農學院的學生),發出二千六百份問卷,進行「大學應屆畢業生就業意願調查」。結果發現,大學應屆畢業生最嚮往的工作是「企劃」。此種蒐集資料的方式就是信函訪問法。

上述的三種問法各有優缺點,茲列表二詳細說明。

表二｜三種訪問法的優缺點

	優點	缺點
人員訪問法	・見面三分情，被訪者較會合作。 ・可適當鼓勵被訪者回憶與發言。 ・若問題不清楚，可當面解釋清楚。 ・可問較深入的問題。	・單位成本較高。 ・若訪員主觀太強，容易造成偏差。 ・若被訪者不在，結果容易偏差。
電話訪問法	・蒐集資料速度最快。 ・單位成本較低。 ・只要問題簡要，受訪率高。	・限於電話普及之地區。 ・不易訪問比較深入的問題。 ・無法用眼睛查核對方的回答。
信函訪問法	・受訪者無壓迫感，可從容回答。 ・不必填姓名，易獲誠實回答。 ・不會遇到受訪者不在的情況。	・樣本名單取得不易。 ・回信時間無法控制。 ・回收率偏低至 10～20％之間，代表性不高。 ・回信者常是極端者，代表性多受質疑。

觀察法

　　所謂觀察法，就是用肉眼、儀器或兩者兼用，去查看事實並記錄下來，以獲得資料的方法。

　　政府為了統計台北地區主要道路的交通流量，經常雇用學生在路旁觀察與統計，那就是肉眼觀察法。另外，有人使

用電視台節目觀察機,來獲取觀眾收看電視節目的詳細情形,那就是儀器觀察法了。

詢問法與觀察法各有優缺點,茲列表三詳細比較說明。

表三│詢問法、觀察法的優缺點

	優點	缺點
詢問法	‧消費者的行為、態度、動機、意見均可獲知。 ‧主動的訪問,蒐集資料迅速。 ‧蒐集資料的成本較觀察法低廉。	‧因為訪員與問卷的偏差而影響資料的正確性。 ‧必須仰賴受訪者的充分合作,受制於人。
觀察法	‧蒐集的資料比較正確。 ‧不受訪員與問卷偏差的影響。	‧無法用觀察得知消費者的態度、動機與意見。 ‧被動的觀察,曠日廢時。 ‧蒐集資料的成本高昂。

● 步驟四

把資料整理成情報

　　撰寫企劃案的第四個步驟就是把蒐集得來的資料整理成為情報。

　　資料未經整理之前,是死的,是不管用的。資料經過整理分析之後,就變成活的,成為撰寫企劃案時重要的參考依據。因此,我們必須把死資料整理分析為活情報。

　　第二次世界大戰爆發之前,英國出版了一本名叫《世界各國軍力比較》的書。書中詳細記載德軍的兵力配置與各師團的個人資料。當時的德國元首希特勒讀了這本書之後,大為震怒,以為是間諜搞的鬼,乃下令撤查。經過一番詳細深入的調查之後發現,那份寶貴的情報,並非有關人員洩密,而是有心人根據報紙、雜誌、廣播等公開資料,整理分析後的結果。從這件事,就可知道整理資料的重要。

　　那麼,資料要如何整理才能變成有用的情報呢?

▌整理現成資料

　　現成資料包括書籍與報章雜誌、現成的企業內部資料、政府出版的普查與統計資料、登記資料、現成的調查報告五大類(請參閱前節〈蒐集現成資料〉所述)。其中除了現成

的調查報告大都已經把資料整理分析成情報之外,其餘四大類的資料都可運用分析與綜合的方法整理。

何謂分析與綜合呢?分析是「同中求異」,就是把別人看起來相同的事物說成不同或不相關;綜合是「異中求同」,就是把別人看起來不同的事物說成相同或相關。

筆者曾經運用「分析」與「綜合」的技巧,撰寫成一本暢銷書——《股市實戰100問》(遠流《實戰智慧叢書》247),如今把過程說明於下,以便讓讀者明瞭「分析」與「綜合」在整理現成資料的功用。

我在1988年冬季,決定撰寫一本有關「股票」的書之後,立刻著手蒐集資料。我在市面上買到二十本有關股票的書籍,其中有《股票操作學》(張齡松著)、《胡立陽股票投資100招》(胡立陽著)、《投入股市》(陳守煒著)三本書長據當時金石堂暢銷售排行榜。

張齡松與胡立陽都是股市名人,他們所寫的書能夠暢銷,自有其道理在,而陳守煒並非股市名人,為什麼他的書也能暢銷呢?

經過詳細的比較分析後,我發現《投入股市》一書與其他同類十九本書之間最大的不同就是「簡明易懂」(其他股票書較艱澀難懂)。換言之,經過「同中求異」的分析之後,我獲得一項寶貴的情報——縱使你不是股市名人,只要把書寫得簡明易懂,還是有可能成為暢銷書。

接下來,我根據深入股市觀察與實際操作買賣的經驗,

找出一般小額投資人常犯的錯誤與不明瞭之處，列舉了一百
個疑難問題。

　　再來就是分章節、定架構，這是撰寫過程中最困難的部
分。我運用「異中求同」的綜合技巧，假想自己是個股市生
手，依照基本認識、學看盤、讀證券版、辦手續、基本分
析、技術分析、價量關係、操作方法、疑難解答等程序，擬
定芝麻開門、進場看盤、閱讀指南、辦理手續、基本分析、
技術分析、價量研究、贏家策略、疑難雜症等九大章。

　　接著，我再把一百個疑難問題融入九大章之中，至此章
節與架構部分順利完成。接下來，我又根據這一百個問題寫
出《股市實戰 100 問》一書。

　　以上是整理現成資料的實例解說。

▋ 整理市場調查資料

　　由於訪員的疏失，市場調查所回收的閱卷中，很可能有
錯誤（前後矛盾或不全），因此在整理分析之前，必須先審
核（Editing）以剔除問卷中的錯誤資料。接著，再進行劃記
（Coding）工作，然後列表（Tabulation）進行分析。

　　在電腦尚未普及之前，整理市場調查的資料都由人工處
理，曠日廢時；如今電腦非常發達，市場調查的資料全交電腦
去處理，既方便又迅速。不論是普通的列表分析，或是較複雜
的交叉列表分析，電腦都能夠在很短的時間內達成任務。

　　若干年前中華民國養雞協會為了瞭解台灣肉雞與雞蛋的消費狀況，乃撰擬問卷，運用人員訪問法，全島抽取二千個樣本戶，進行家庭訪問調查。市場調查的資料經過電腦整理分析之後，肉雞與雞蛋分別得到下列的結論：

（一）肉雞

→1. 肉雞消費普及率為 72.5％。
- 以年齡區分，四十至五十歲中年人普及率最高，達 77.2％。
- 以所得區分，每月三萬至五萬中高所得普及率最高，達 84.6％。
- 以地區分，東部地區普及率最高，達 87.4％；北部次之，達 78.6％。
- 以職業區分，高級主管普及率最高，達 79.5％；中級主管次之，達 75.8％。
- 以教育程序區分，高中程度以上普及率最高，達 75％以上。

→2. 肉雞購買地點，以傳統菜市場為主，達 68.6％。

→3. 對肉雞顏色的偏好，以白色最高，達 37.5％。

→4. 對肉雞處理之偏好，整隻雞殺好佔 26.8％，雞殺好後分割佔 25.3％，活雞現殺佔 16.4％。

→5. 肉雞的購買頻率，大約每星期購買一次。

→6. 對於肉雞專用品種知識，只有 24.4％的人知道。

（二）雞蛋

→1. 雞蛋消費普及率高達 91.2％。

- 以年齡區分，以二十一至四十歲青壯年普及率最高，達 92％，年齡因素變異不大。
- 以所得區分，每月三萬至五萬中高所得普及率最高，達 100％。
- 以地區區分，東部與北部地區普及率最高，分別達 95％與 94.6％。
- 以職業區分，高級主管普及率最高，達 94.9％。
- 以教育程度區分，大學以上普及率最高，達 95.6％。

→2. 對雞蛋外殼的偏好，以白殼蛋最高，佔 77.78％。

→3. 台灣人每人每天吃不到一個雞蛋。

→4. 每人吃雞蛋的時間以早餐居多，佔 46.4％。

→5. 對雞蛋烹飪的偏好，以煎蛋為主，佔 61％；水煮蛋 12.9％，滷蛋 11.1％。

→6. 知道雞蛋的蛋黃含膽固醇者，達 45.4％。

　　上述各六點的結論，就是經由電腦整理分析後，所獲得的寶貴情報。

產生創意

　　撰寫企劃案的第五個步驟就是產生創意。創意就是點子，創意是企劃必備的要素，任何企劃案若無創意，那就不是企劃案，而是計畫案了。

創意人六項特質

　　一般人總認為創意是天生的，其實不然，它是後天可培養的。

　　根據美國一項研究顯示，創意人具備下列六項的特質：

　　（一）**智商方面**：創意不需要特別高的智商，只要達到 130 就行了。一個人智商超過 130 之後，創意就無多大差別了。

　　（二）**教育方面**：強調邏輯的現代教育似乎抹殺了學生的創意，所以教育無益於創意。研究顯示，兒童的創造力在五至七歲時下降39%；到四十歲，創造力只有五歲時的2%。許多創意人都是半途輟學。

（三）**專業技能方面**：創意或許有靈感這回事，可是若沒經過長期的努力，靈感不會突然間蹦出來。幾乎每一位有成就的創意人，都在他那一行業最少苦心鑽研了十年。

（四）**個性方面**：創意人大都獨立、執著、對工作有強烈的動機。他們多半憑直覺之本能決定事情。他們反迷信、反傳統，但具有懷疑與冒險的性格。他們有時難以相處，但都具有高度的幽默感。

（五）**童年方面**：創意人通常不會有一個呆板、平淡的童年。父母的離異與經濟狀況的起伏不定乃常見的情形。逆境常能幫助刺激小孩從不同的角度去觀察與分析問題。他們的父母具備較高的文化水準與知識程度，對小孩採取較放任的管教方式，使小孩養成自己面對問題並解決問題的習慣。

（六）**社會性方面**：創意人雖然個性獨立，可是並不孤癖。他們都很合群，經常與同事或朋友討論問題，交換意見。研究顯示，合群者較孤癖者發表更多的論文、創造更多的作品、擁有更多的專利。

從以上的研究結果可知：創意人的智商不用太高，也不用受太高的教育；可是必須有合群、獨立、懷疑、冒險的性格，他們必須養成從不同角度看問題的習慣，也必須反迷信、反傳統，並在本業執著努力，至少已經苦心鑽研十年了。

三個常見的概念

其實，具備上述條件的人太多了。由此可以證明，創意並非天生，而是可以後天培養的。那麼，要如何培養出創意呢？組合、改良以及新用途這三個概念，就是最常見培養創意的技巧。

組合

組合，就是把舊產品加以新的組合的意思。

以創意揚名全美的廣告大師詹姆斯·楊（James Webb Young），曾在所著的《產生創意的方法》（A Technique for Producing Ideas）中揭示：創意完全就是舊元素的新組合。

合金是組合概念下的偉大產品，生日音樂卡片是舊產品生日快樂歌與卡片的新組合，電子錶筆是舊產品電子錶與原子筆的組合，褲襪就是舊產品褲子與襪子的新組合，收錄音機就是舊產品收音機與錄音機的新組合，坦克車就是舊產品汽車與大砲的新組合。

帶橡皮擦的鉛筆也是「組合」概念下的偉大產品，它是舊產品鉛筆和橡皮擦的新組合。

習慣用鉛筆來畫人像的窮畫家海曼，在繪畫時經常為了要塗改而找不到橡皮擦，有一天，他又在找橡皮擦，突發奇想：「總得想個辦法讓橡皮擦待在鉛筆的旁邊。」「哈！有了，用兩塊鐵片夾住橡皮擦，並固定在鉛筆頭上，把兩樣東

西組合起來就行了！」

試用結果非常理想，海曼在 1867 年取得新型專利，後來賣給一家鉛筆公司，在十七年內，他總共得到數百萬美元的權利金與紅利。

小孩玩積木，是一個典型舊元素新組合的遊戲。積木可以有許多不同的組合，但不一定能組合成為有用之物（有時是房子，有時是動物，有時卻是四不像）。

積木遊戲給我們一個大啟示：任何舊產品都可能組合，但不是所有的組合都能成功。換言之，並非所有舊產品的新組合都能產生創意。不過，舊產品的新組合鐵定是產生創意最重要的來源。

改良

改良，就是把舊產品縮小、放大、改形狀或改變功能的意思。所有的產品，除了第一代是發明之外，以後都是經由「改良」逐步完成的。

莎士比亞最著名的舞台劇，就屬那齣悲劇王子的復仇記──《哈姆雷特》（Hamlet）。但該劇並非莎翁的創作，而是源自丹麥的一則傳奇故事。那則平淡無奇的傳說，經莎翁改良之後，變成光芒萬丈的經典名劇。這是舊元素經過改良後，所產生的偉大創意。

全世界的影迷都會發現，曾輕轟動全球的《第六感生死戀》（Ghost），只是舊影片《直到永遠》（Always）的改

良；而賣座鼎盛的《推動搖籃的手》（The Hand that Rocks the Cradle）也是舊影片《致命的吸引力》（Fatal Attraction）的改良罷了。

如果你是一位愛聽笑話的人，必定會發現，任何新笑話不過是老笑話的改良版罷了。原因是，真正新鮮的笑話太少了。只好藉著改良或新編舊笑話，以創造出新笑話。

日本的經營之神松下幸之助深諳「改良」的道理，因此從創業之後，一直秉持「改良舊產品、大量生產、降低成本、低價售出」的經營策略，打出一片大好江山。

其實不只松下，日本許多企業家亦深刻體會出「改良」的重要。瞧瞧日本稱霸國際市場的產品，諸如：汽車、電視、照相機、錄影機等，全都從模仿外國產品起步，而後逐漸改良產品的形狀與性能，再努力於生產線的合理化，最後終能降低成本，生產出具有競爭優勢的產品。

因此，「改良」不但是創意的重要來源，也是開發中國家企業進軍國際市場的重要利器。

「改良」的定義，近似哈佛大學教授李維特（Levitt Theodor）所說的「創造性模仿」（Creative Imitation）。創造性模仿絕非仿冒，它的基本精神是創新的、積極的，經過對舊產品的改良或重組後，產生另一全新的產品。

管理大師杜拉克說：「創造性模仿者並沒有發明產品，他只是把創始產品變得更完美。或許創始產品應具備一些額外的功能，或許創始產品的市場區隔欠妥，須調整以滿足另

一市場。」

　　杜拉克這一段話，正好對「改良」做了貼切的詮釋。

新用途

　　新用途，就是發現產品的新用途，或是改變產品用途的意思。

　　無論是發現產品的新用途，或是改變產品的用途，產品本身無任何改變，只是你用不同的眼光或從另一角度去看該產品而已，這是認知的改變。彼得・杜拉克曾表示，「認知的改變」就是創意的重要來源。

　　十九世紀中葉，歐洲四處流行瘧疾，當時的特效藥天然奎寧供不應求，於是德國名化學教授霍夫曼帶領一群學生試圖研究出人工合成奎寧。

　　有一個名叫巴勤的學生，雖然很努力進行各種試驗，但都一一失敗。有一次，巴勤把苯胺與重鉻酸鉀這兩個元素組合起來，仍舊失敗了，可是當他把組合的液體倒入清水裡，竟然呈現出鮮艷的紫紅色。

　　巴勤靈機一動：「雖然人工合成奎寧失敗了，可是用它來製出染衣服的染料，不也很好嗎？」於是進一步研究，製成「苯胺紫」，開人工染料的先河。

　　這是發現產品的新用途。

　　著名的法國細菌學家巴斯德（Louis Pasteur），為了研究葡萄酒發酵的原因，發現酵母菌使葡萄酒發酵變酸，於是

他發明一種低溫殺菌法,殺死酒中的酵母菌,而使葡萄酒保持原有的甜味。

此種為了保持酒原味的巴斯德殺菌法,有人發現它的新用途,將它應用在牛奶的消毒上,造福了千千萬萬的人類。

外科醫師李斯特爵士(Lord Lister)更把巴斯德的細菌理論應用在外科手術上。李斯特心想:「假如細菌能使葡萄酒變味,那麼外科中許多不明的死因,是否也跟細菌有關呢?」

李斯特改變「巴斯德細菌理論」的用途,發明外科消毒術,不但拯救無數的生靈,自己也因此永垂不朽。

這也是發現產品的新用途。

所以,縱使產品不變,僅僅是認知上的改變,只要發現產品的新用途,就會產生無窮的創意。

當然,上述「組合」、「改良」以及「新用途」,只是最常見培養創意的技巧。有關其他培養創意的技巧,請參閱第四章二十個改變思維的方法,讓創意源源不絕。

● 步驟六

選擇可行的方案

　　當企劃人找到足夠的創意之後，他必須仔細評估手中方案的優劣，然後從中選擇一個可行的方案，這是撰寫企劃案的第六個步驟。

▋ 可行方案三項意義

　　所謂「可行」的方案，包含下列三項意義：

這個方案的確可行

　　每一個企劃案都受到本身資源的限制，包括人力、物力、財力、時間等等。由於受限於資源，因此該企劃案是否可行就很重要了，一個偉大的創意若不可能實現，那麼創意就成為空想了。

　　許多企劃人秉持「無中生有，天馬行空」的企劃原則，挖空心思，大膽突破，想出一個很好的創意。然而常因忽略了企業的有限資源，結果企劃案進行到一半，就發生後繼無力的現象，以至於功敗垂成，那是非常可惜的。所以，在選擇方案時，「好」的創意固然要緊，「可行」的創意卻更重要。切記！在務實的前提下，「可行的」創意往往比「最好

的」創意還要好。

　　另外，如果你選擇的方案必須依賴其他條件的配合才能實施，或是該方案交給別人推行就不易成功，那表示該方案的可行度偏低。

高階主管的信任與支持

　　由於企劃部門是幕僚單位，影響是間接的，企劃是否能順利推行、執行到底，與高階主管的信任支持程度有很大的關係。

　　通常推行一個企劃案，需要投入的資金高達幾百萬，甚至幾千萬，而企劃案在推行之初，很可能看不出任何效果，這時倘若高階主管的意志不夠堅定，對企劃案的信心動搖，影響他對方案的支持與信任程度的話，該企劃案恐怕就難逃夭折的命運了。

其他部門的全力配合

　　要使企劃案順利推行，除了高階主管鼎力支持之外，公司其他部門的全力配合也非常重要。企劃人必須留意其他部門的反應與排斥。

　　企劃部門擬妥企劃案之後，縱使思慮周密，詳細分工，倘若得不到各部門的參與、認同與支持，非但無法發揮團體作戰的效果，而且會使方案窒礙難行。

　　因此，在擬訂方案之前，必須與其他有關部門多溝通、

協調。最好的方法是，請各部門的主管共同參與擬定企劃案，經過大家熱烈討論之後所得的企劃案，就不只是企劃部門的方案，而是大家參與、認同的方案了。這麼一來，必會得到各部門的全力配合，以收事半功倍之效。

　　總之，撰寫企劃案時，不但須說服高階主管，還要獲得人事、總務、業務、財務、生產等有關部門之認同首肯後，才能順利推展。

寫成企劃案

　　撰擬企劃案從界定問題開始，經過蒐集現成資料、市場調查、把資料整理成情報、產生創意，一直到選擇可行的方案，前後共六個步驟。接下來，就得把你的概念文字化，也就是把構想寫成企劃。

　　到底要怎樣才能寫出一個好的企劃案呢？根據我多年撰寫企劃案的經驗，一個好的企劃案除了必須具備前述 6W2H 與 1E 等九個要素之外，還必須符合下列的十個要件：

　　（一）**企劃案的目標必須清晰明確**：這是企劃案最核心、最重要之處，有明確的目標，才能集中資源奮力一擊。

　　（二）**企劃案必須有突出的創意**：能夠讓眾人眼睛發亮、拍案叫絕的點子，才是好的企劃案。

　　（三）**企劃案的內容必須條理清楚，簡明易懂**：除了目標明確之外，其內容必須容易瞭解，如此才有利於推行。

　　（四）**文筆要簡潔流暢**：企劃案的用詞最怕囉哩叭嗦，詞不達意，必須段落分明，並勾勒出重點，才是好的企劃案。

　　（五）**盡量多用圖與表**：寫企劃案，字不如表，表不如圖，因為圖表與文字相較之下，更容易讓人瞭解。

　　（六）**企劃案要確實可行**：任何企劃案都是在有限的資源之下進行的。經驗豐富的企劃人都知道，可行比偉大的創

意更重要。

（七）進度要能明確掌握：企劃案實施之後，所有的人、地、事、物都必須能夠有效地掌控，以便能隨時隨地掌握進度。

（八）預算要逐一詳列：編列預算要精準，任何可能用到的費用都要在事前逐一列出，以便能有效控制經費的支出。

（九）效果要能清楚評估：企劃案實施之後，其效果必須能夠跟最初設定的目標做比較，以便清楚評估。

（十）量化：如果可能的話，企劃案的目標、進度、預算、結果等等全部用數字表達出來。量化的東西，既清楚又有說服力。

我們在搞清楚企劃案的九個要素與十個要件之後，接下來要如何去動手呢？我建議先去參考第三章所列舉的十四種格式。那些都是企業界最常見的十四種企劃案，我知道對毫無經驗的企劃人而言，要思索出企劃案的格式或架構極為困難，故筆者編寫出這些格式以供企劃人撰寫企劃案時參考。

這個過程很像學寫毛筆字的臨帖，我們小時候寫毛筆字，就是把標準字帖置於旁，摹仿其筆畫而書寫，久而久之，就能寫出漂亮的毛筆字。依此原則，參考我所列舉的十四種格式，依樣畫葫蘆，相信您一定能寫出盡善盡美的企劃案。

當然，您也可以憑這些格式為基礎，然後根據自己的實際需要增增減減，改良出一個最適合自己的新格式。

● 步驟八

實施與檢討

　　寫成企劃案之後，雖然撰擬企劃案的工作告一段落，但就企劃案而言，還有兩個後續動作：布局實施與檢討評估。

　　請注意，這兩項工作常受到忽略，茲說明於下。

▌布局實施

　　寫妥可行的企劃案之後，接下來就是布局實施的階段。此一階段包括兩部分工作，一是模擬布局，一是分工實施。

模擬布局

　　舞台劇在正式上演之前，都需要彩排，企劃案在正式實施之前，也需要彩排。企劃案的彩排就是模擬布局。這時，企劃者必須根據已經擬妥的預算表與進度表，運用「圖像思考法」，模擬出企劃案的布局與進度。

　　所謂「圖像思考法」，就是運用人類圖像思考（傳統只用語言思考）的本能，把未來可能的發展，一幕一幕仔細在腦海中呈現出來。這時候，你的腦袋就像一部放映機，把企劃案的布局與進度，事先在腦中播放一次。藉著圖像思考法，不但可以預測未來企劃案的過程與發展（可藉機修正缺

失），亦可預測企劃案實施後的效果。

分工實施

　　企劃人一方面詳加分配各部門（業務、生產、人事、財務、總務等）的任務，分頭實施；另一方面根據修正妥當的預算表與進度表，嚴密控制企劃案的預算與進度。

　　這時，整個企劃案才從「構思」落實到「動手」的階段。企劃案寫得再好，若執行不徹底，還是紙上談兵。企劃人應運用組織、協調與說服的功能，使各部門分工又合作，讓企業的整體戰力發揮得淋漓盡致，以達成企劃案的目標。

▌檢討評估

　　企劃案推行結束之後，必須做成效的檢討評估，以做為撰擬新企劃案的參考。

　　檢討評估的項目包括：

　　→1. 目標明確嗎？是否達成企劃的目標？

　　→2. 倘若創意成功了，成功的關鍵何在？倘若失敗了，為什麼會失敗？

　　→3. 各部門間協調良好嗎？是否有互相牴觸或排斥的情形？

　　→4. 有沒有人看不懂企劃案？或不完全懂？

　　→5. 所蒐集到的情報研判準確嗎？

　　→6. 整個企劃是否按照預定的進度？是延後？還是超前？原因何在？

　　→7. 所編列的預算嗎？太多或太少？原因何在？

　　→8. 實際的成果與事前的預測符合嗎？

十四個好用的
企劃案格式

你不知道企劃案格式沒關係,本章提供現成的好用的十四個
企劃案格式,你定能觸類旁通,一學就會。

格式一

一般企劃案

企劃案名稱

　　企劃案的名稱必須寫得具體而清楚，舉例來說，「如何防盜企劃案」這樣的名稱，就不夠完整而明確，應該修正為「台北市 2024 年 6 至 12 月大安社區防盜企劃案」，比較妥當。

企劃者的姓名

　　企劃者的姓名、隸屬單位、職稱都應一一寫明。如果是企劃群，每一位成員的姓名、所屬單位、職位都應寫出。若有公司外的人員參與，亦應一併列明。

企劃案完成日期

　　依企劃案完成的年月日據實填寫。如果企劃案經過修正之後才定案的話，除了填寫「某年某月某日完成」之外，應再加上「某年某月某日修正定案」。

企劃案目標

　　企劃案的目標必須寫得具體而明確，以「台北市 2024 年 6 至 12 月大安社區防盜企劃案」來說，目標就是台北市

大安社區竊盜案降低百分之十。

企劃案的詳細說明

　　這是企劃案的本文部分，也是最重要的部分。內容包括：企劃緣起、背景資料、問題點與機會點、創意來源與關鍵點。

預算表

　　實施本企劃案所需的經費，還有必需的人力、物力等，詳細列表說明。

進度表

　　實施本企劃案預定的進度。

預測效果

　　根據手中握有的情報，預測企劃案實施後的效果。一個好的企劃案，效果是可期待、可預測的，而且結果經常與事先預測的效果相當接近。

附上其他備案

　　由於達成目標（或解決問題）的方法一定不只一個，所以在許多創意的激盪之下，必定會產生若干個方案。因此，除了必須把選定此方案的緣由（多半強調其「可行」）詳加

說明外，也應將其他備案一併列出（附上概要說明），以備
不時之需。

參考的文獻資料

有助於完成本企劃案的各種參考文獻資料，包括：報
紙、雜誌、書籍、演講稿、企業內部資料、政府的普查與統
計資料、登記資料、調查報告等，都應列出，一則表示企劃
者負責任的態度，再則可增加企劃案的可信度。

其他應注意事項

為使本企劃案能順利推展，其他重要的注意事項得附在
企劃案上，諸如：

- 執行本企劃案應具備的條件（企劃部門主管領導部屬
  撰擬企劃案，但不一定是企劃案執行人）。
- 必須獲得其他若干部門的支援與合作。
- 希望經營者向全體員工說明本企劃案的意義與重要
  性，藉以培養群體的共識。

● 格式二

行銷企劃案

　　行銷企劃案的架構可分為兩大部分，一是市場狀況分析，一是企劃案本文。

市場狀況分析

　　為了瞭解整個市場規模之大小以及敵我情勢，市場狀況分析必須包含下列十四個項目。

　　→1. 整個產品市場的規模（包括量與值）。

　　→2. 各競爭品牌的銷售量與銷售值的比較分析。

　　→3. 競爭品牌各營業通路別的銷售量與銷售值的比較分析。

　　→4. 各競爭品牌市場佔有率的比較分析。

　　→5. 消費者年齡、性別、籍貫、職業、學歷、所得、家庭結構分析。

　　→6. 各競爭品牌產品優缺點的比較分析。

　　→7. 各競爭品牌市場區隔與產品定位的比較分析。

　　→8. 各競爭品牌廣告費用與廣告表現的比較分析。

　　→9. 各競爭品牌促銷活動的比較分析。

　→10. 各競爭品牌公關活動的比較分析。

　→11. 各競爭品牌定價策略的比較分析。

　→12. 各競爭品牌銷售通路的比較分析。

　→13. 公司的利潤結構分析。

　→14. 公司過去五年的損益分析。

▌企劃案本文

　　一份完整的行銷企劃案，除了必須有上述的詳細市場狀況分析資料之外，還要包括公司的主要政策、銷售目標、推廣計畫、市場調查計畫、銷售管理計畫、損益預估六大項。這六大項就是行銷企劃案的本文，茲分別說明於下。

公司的主要政策

　　企劃人在擬定行銷企劃案之前，得與公司的高階主管，就公司未來的經營方針與策略，做深入的溝通與確認，以決定公司的主要政策。下面就是雙方要研討的細節：

・確定目標市場與產品定位。

・銷售目標就是擴大市場佔有率，還是追求利潤。

・價格政策是採用低價，高價，還是追隨價格。

・銷售通路是直營，還是經銷，或是兩者併行。

・廣告表現與廣告預算。

・促銷活動的重點與原則。

・公關活動的重點與原則。

銷售目標

所謂銷售目標，就是指公司的各種產品在一定期間內（通常為一年）必須達成的營業目標。

一個完整的銷售目標應把目標、費用以及期限全部量化。舉例來說，從 2024 年 1 月 1 日至 12 月 31 日為止，銷售量從五萬個增加到六萬個，成長 20％，營業額一億元，經銷費用預算三千萬，推廣費用預算一千萬，管銷費用預算一千萬元，利潤目標一千萬元。

銷售目標量化之後，有下列的優點：

→1. 可做為檢討整個行銷企劃案成敗的依據，諸如：目標訂得太高或太低，各種預算太多或太少等等。

→2. 可做為評估績效的標準與獎懲的依據。

→3. 可做為下一次訂定銷售目標的基礎。

推廣計畫

企劃者擬訂推廣計畫的目的，就是要協助達成前述的銷售目標。推廣計畫包括目標、策略、細部計畫三大部分。

（一）目標

　　企劃人必須明確地表示，為了協助達成整個行銷企劃案的銷售目標，所希望達到的推廣活動的目標。

　　舉例來說，為了達成前述銷售量成長二成，利潤一千萬元的銷售目標，在一年之內必須把品牌知名度從 30％提高到 50％；此外在公關活動方面，大眾對公司的良好印象，從 40％提升到 60％。

（二）策略

　　決定推廣計畫的目標之後，接下來就要擬定達成該目標的策略。推廣計畫的策略包括廣告表現策略、媒體運用策略、促銷活動策略、公關活動策略四大項。

　　1. 廣告表現策略：針對產品定位與目標消費群，決定廣告的表現主題。廣告須依其特定的目的來決定廣告主題，以前例來說，該廣告表現的主題須提高品牌知名度。

　　2. 媒體運用策略：媒體包括報紙、雜誌、電視、廣播、傳單、戶外廣告、車廂廣告、網路廣告等。要選擇何種媒體？各佔若干比率？廣告的到達率與接觸頻率有多少？（即 Reach and Frequency，指消費者至少一次收視到廣告訊息的比率，與消費者收視到廣告訊息的平均次數。）

　　3. 促銷活動策略：促銷的對象，促銷活動的種種方式，以及採取各種促銷活動，所希望達成的效果是什麼。

　　4. 公關活動策略：公關活動的種種方式，公關的對象以

及舉辦公關活動，所希望達成的目的是什麼。

（三）細部計畫

詳細說明達成每一策略所採行的細節。

1. 廣告表現計畫：報紙與雜誌廣告稿之設計（標題、文案、圖案），電視廣告的 CF 腳本，收音機的廣播稿等。

2. 媒體運用計畫：報紙與雜誌廣告，是選擇大眾化或是專業化的報紙與雜誌，還有刊登日期與版面大小等；電視與收音機廣告，選擇的節目時段與次數。另外，亦須考量 GRP（即 Gross Rating Point，總視聽率）與 CPM（即 Cost Per Millenary，廣告訊息傳達到每千人平均之本成）。

3. 促銷活動計畫：包括 POP（即 Point of Purchase Display，購買點陳列）、展覽、示範、贈獎、抽獎、贈送樣品、試吃會、折扣戰等。

4. 公關活動計畫：包括股東會、發公司消息稿、公司內部刊物、員工聯誼會、愛心活動、傳播媒體的聯繫等。

市場調查計畫

市場調查在行銷企劃案中，屬於非常重要的一部分，因為從市場調查所獲得的市場資料與情報，是擬定行銷企劃案最重要的分析與研判的依據。此外，前述第一大部分市場狀況分析中的十四項資料，大多可透過市場調查獲得，由此亦可知市場調查之重要。

　　然而，市場調查常受到高階主管與企劃人員的忽略。許多企業每年投入大筆廣告費，可是對市場調查卻吝於提撥，這是相當錯誤的觀念。

　　市場調查計畫與推廣計畫一樣，也包括目標、策略以及細部計畫三大項，此一部分請參閱第二章中之步驟二、三、四各節。

銷售管理計畫

　　假如把行銷企劃案看成一個陸海空的聯合登陸戰，銷售目標是登陸的目的地，市場調查計畫是聯勤，推廣計畫是海空軍，銷售管理計畫就是陸軍了。在聯勤的有效支持與強大海空軍掩護之下，仍須依賴陸軍的攻城掠地，才能獲得決定性的勝利，因此銷售管理計畫的重要性不言而喻。銷售管理計畫包括銷售主管人員、銷售計畫、推銷員的甄選與訓練、激勵推銷員、推銷員的薪酬制度（薪資與獎金）等。

損益預估

　　任何行銷企劃案所希望達成的銷售目標，追根究柢還是追求利潤，而損益預估就是要在事前預估該產品的稅前純益（即利潤）。

　　只要把該產品的預估銷售總值（可由預估銷售量算出）減去銷貨成本、營銷費用（經銷費用加管銷費用）、推廣費用後，即可獲得該產品之稅前純益。

● 格式三

新產品開發企劃案

▎內部考慮因素

選擇新產品

- 市場情報。

- 新產品性質（組合、改良、新用途或是新發明）。

- 估計潛在的市場。

- 消費者接受的可能性。

- 獲利率的多寡。

新產品再研究

- 同類產品的競爭情況。

- 預估新產品的成長曲線。

- 產品定位的研究。

- 包裝與式樣的研究。

- 廣告的研究。

- 銷售促進的研究。

- 製造過程的情報。

- 產品成本。

- 法律上的考慮。

- 成功機率。

市場計畫

（一）產品計畫

- 決定產品定位。
- 確立目標市場。
- 品質與成分。
- 銷售區域。
- 銷售數量。
- 新產品發售的進度表。

（二）名稱

- 產品的命名。
- 商標與專利。
- 標籤。

（三）包裝

- 與產品價值相符的外貌。
- 產品用途。
- 包裝的式樣。
- 成本。

（四）人員推銷

- 推銷技巧。
- 推銷素材（DM、海報、標籤等）。

‧獎勵辦法。

（五）銷售促進

‧新產品發表會。

‧各種展示活動。

‧各類贈獎活動。

（六）廣告

‧選擇廣告代理商。

‧廣告的目標。

‧廣告的訴求重點。

‧廣告預算與進度表。

‧預測廣告的效果。

（七）公共關係

‧與政府有關機構的公關。

‧與上下游廠商的公關（供應商與經銷商）。

‧公司內勞資的關係。

‧與各傳播媒體的公關。

（八）價格

‧訂定新產品的價格。

‧研討公司與經銷商的利潤。

‧研討合理的價格政策。

（九）銷售通路

- 直銷。
- 經銷商。
- 連鎖商店。
- 超級市場。
- 大百貨公司。
- 零售店（雜貨店、百貨行、食品店、藥房等）。

（十）商店陳列

- 商店布置。
- 購買點陳列廣告（即 POP，包括海報、櫥窗張貼、櫃台陳列、懸掛陳列、旗幟、商品架、招牌等）。

（十一）服務

- 集中服務（銷售期間的服務）。
- 售後服務。
- 訴怨的處理。
- 各種服務的訓練。

（十二）產品供給

- 進口或本地製造。
- 品質控制。
- 包裝。

‧產品的安全存量。

‧產品供給進度表。

（十三）運送

‧運送的工具與制度。

‧運送過程維持良好品質的條件。

‧運費的估算。

‧耗損率。

‧耗損產品的控制與處理。

‧退貨的處理。

（十四）信用管理

‧會計程序。

‧徵信調查。

‧票據認識。

‧信用額度。

‧收款技巧。

（十五）損益表（指企業營運與盈虧狀況的報表）

‧營業收入。

‧營業成本。

‧營業費用。

‧稅前純益與稅後純益。

▌外部考慮因素

消費者行為研究

- ·購買者的需要、動機、認知與態度。
- ·購買決策者、影響決策者、產品購買者、產品使用者。
- ·購買時間。
- ·購買地點。
- ·購買數量與頻率。
- ·購買者的社會地位。
- ·購買者的所得。

與消費者的關係

- ·產品特點與消費者的利益。
- ·消費者潛在的購買能力。

與競爭者的比較

- ·公司規模與組織。
- ·管理制度。
- ·推銷員的水準。
- ·產品的特色與包裝。
- ·產品的成本。
- ·價格。
- ·財務能力與生產能量。

政府、社會環境與文化背景

- 法律規定。
- 經濟趨勢。
- 社會結構。
- 人口。
- 教育。
- 文化水準。
- 國民所得與生活水準。
- 社會風俗與風尚。

表四│新產品上市各項研究事宜及工作籌備進度表

（金球廣告公司陳家和先生製作提供）

2月　3月　4月

（一）市場研究

消費者之接受性及設定對象 ├──────────┤ （市場調查分析）

潛在市場估計及銷售量預測 ├──────────┤ （市場調查分析）

商業機會及未來之成長 ├────────┤ （貴公司研判）

競爭狀況及競爭地位 ├────────┤ （市場調查分析）

市場調查 ├────┤ （本公司配合實施）

（二）公共關係

衛生署檢驗單位 ├────┤ （貴公司執行）

（三）商品研究

2月　3月　4月　5月

成分品質商品知識 （貴公司提供）
├────┤

商品式樣名稱 （本公司提供）
├────┤

包裝及圖案商標專利 （本公司提供、貴公司申請登記）
├────┤

價格 ├──────┤ （貴公司及本公司經各項
分析後決定各盤價格）

商品定位 ├──────┤ （本公司提供）

銷售量及分析（對象及地區） ├──────┤ （本公司提供資料，
貴公司決定）

（四）消費者研究

動機、習慣、數量、頻度、傾向 ├──────┤ （市場調查分析）

誰是購買者、社會地位、所得 ├──────┤ （市場調查分析）

5月　6月　7月

├──────┤

（五）營銷研究

分配制度（直營、間營網之建立） ├──────┤ （貴公司設定）

陳列計畫（商店廣告、海報、POP） ├──────┤ （本公司設定）

銷售訓練（訓練素材、推銷技術、推銷獎勵） ├──────┤ （貴公司準備）

服務（售後、售中、退回商品之處理，服務訓練） ├──────┤ （貴公司準備）

運輸（送達工具、安全存量、耗損率） ├──────┤ （貴公司準備）

信用管理（信用限額、會計程序、客戶徵信） ├──────┤ （貴公司準備）

（六）廣告計畫

目標　　　　　　　　　　　　　（本公司提供）

主題及表現　　　　　　　　　　（本公司提供）

　　　　　　　　　　　　　　　（貴公司設定範圍，
　　　　　　　　　　　　　　　　或由本公司建議）
媒體預算

進度　　　　　　　　　　　　　（本公司提供）

　　　　　　　　　　　　　（本公司提案貴公司參考）
銷售進度（對消費者、經銷商、推銷人員）

・格式四

廣告企劃案

市場分析

- 目前的市場規模（Market Size）。
- 目前的市場佔有率（Market Share）。
- 市場未來的潛力。
- 通路情況（鋪貨到達率、產品陳列佔有率、產品回轉率）。
- 各競爭品牌情況。

消費者分析

- 決策者、影響決策者、購買者、使用者。
- 消費者的特徵（包括性別、年齡、職業、教育程度、所得、婚姻別、家庭人數、居住地區、宗教、社會階層……）。
- 重級與輕級消費者的購買量與購買頻率。
- 消費者購買的時間。
- 消費者購買的地點。
- 消費者購買的動機。
- 消費者選購的資料來源。

- 品牌轉換情況。
- 指名購買度。
- 品牌忠誠度。
- 消費者使用產品狀況。

產品分析

- 產品生命週期（Life Cycle）。
- 產品的品質與功能。
- 價格。
- 包裝。
- 產品的旺季與淡季。
- 產品的替代性。

企業分析

- 企業的歷史與經營項目。
- 該企業在同業中的地位。
- 該企業給消費大眾的印象。
- 該企業的特性與競爭的優缺點。
- 該產品在企業裡的地位。

推廣分析

- 與競爭品牌廣告的比較。
- 與競爭品牌人員推銷的比較。

・與競爭品牌銷售促進的比較。

・與競爭品牌服務的比較。

・與競爭品牌公關的比較。

問題點與機會點

・產品的問題點。

・產品的機會點。

市場策略

・目標市場。

・市場定位。

產品策略

・產品 USP（即 Unique Selling Proposition，獨特差異點）。

・新產品開發。

廣告策略

（一）目標

・設定目標的層次（知名度、瞭解度、偏好度、行動等）。

・設定欲達成的目標值（譬如提高20％知名度）。

（二）設定訴求對象

- 訴求對象的特性。
- 媒體接觸訴求對象的概況。

（三）期間與地區

- 廣告活動的期間。
- 廣告期間的分量別（某段期間廣告量大、某段則廣告量小）。
- 廣告活動的地區。
- 廣告地區的分量別（某地區廣告量大、某地區廣告量小）。

（四）預算

- 總預算額。
- 期間別的預算分配。
- 地區別的預算分配。

廣告表現

- 廣告所要傳達的產品特性。
- 傳達的方式。
- 所選用的廣告媒體的特性。

媒體策略

- 設定媒體的目標（以到達率與接觸頻率來評估）。
- 報紙、電視、網路、廣播、雜誌等五大媒體之組合。
- 選擇該媒體的哪一種（譬如報紙，選《中國時報》、《聯合報》，還是《蘋果日報》、《自由時報》）？
- 選定媒體單位（指報紙的哪一版面，電視的哪一時段，雜誌的哪一類型）。
- 發稿的次數。
- 發稿的進度表。

附件

- 報紙完稿。
- 雜誌完稿。
- 網路完稿。
- CF（即 Commercial Film，廣告影片）。

● 格式五

零售店廣告企劃案

▌一、十大考慮要素

→1. 廣告訴求的目標市場。

→2. 廣告訴求消費者的類型。

→3. 廣告實施的期間與次數。

→4. 評估最恰當有效的廣告媒體。

→5. 同時採用多種廣告媒體的可能性。

→6. 實施廣告期間與促銷活動配合的問題。

→7. 廣告之後預估的銷售額。

→8. 廣告之後預估的稅前利潤。

→9. 競爭商店廣告活動的情形。

→10. 廣告費的預算。

▌二、零售店使用的廣告媒體

→**1. 大眾傳播媒體**：報紙（早報、晚報、一般報紙、專用報紙）、雜誌（週刊、月刊、季刊、特刊等）、電視（無線電視、有線電視）、廣播、網路等。

→**2. POP 廣告**：商品說明標籤、價目卡、吊卡廣告牌、商品模型、陳列裝飾、旗幟、海報、招牌等。

→**3. 宣傳單。**

→**4. 贈送品廣告**：日曆、月曆、年曆、小筆記簿、火柴盒、菸灰缸、溫度計、原子筆、鉛筆、打火機等。

→**5. 戶外廣告**：牆壁廣告、汽球廣告、霓虹燈箱、公共場所的椅背廣告等。

→**6. 車廂廣告**：車內廣告、車身廣告、車站廣告等。

→**7. 郵寄廣告。**

→**8. 影片、幻燈片。**

→**9. 其他廣告**：宣傳車與其他商店（美容院、理髮廳、餐廳等）內的廣告。

上述九種廣告媒體之中，零售店最常使用的是 POP 廣告與宣傳單，本企劃案針對上述兩項將在後面做詳細說明。

▌三、廣告預算的編製

（一）銷售額提撥法

這是指從預估的銷售額（或以前做過類似廣告活動所得的銷售額）中提撥一定比率當廣告費。這個比率通常在1—3%之間。

（二）利潤提撥法

這是指從預估的利潤（或以前做過類似廣告活動所得的

利潤）中提撥一定比率來當廣告費。

（三）參考同業法

這是指根據區域內同業所花的廣告費，從中編列自己的廣告預算。

▌四、製作廣告五要件

→**1. 激發創意**：這是製作廣告的第一要件，要使人看到之後，馬上感覺別出心裁，有創意。

→**2. 造成衝擊**：廣告必須有衝擊力，才能引起消費者的注意。

→**3. 產生興趣**：廣告的內容除了要造成衝擊，也要使消費者產生興趣，印象深刻。

→**4. 提供情報**：廣告也是傳達商品情報的工具，要使消費者從廣告中獲得新的資訊。

→**5. 促使衝動**：有效的廣告必須能夠刺激消費者的慾望，促使他們產生立刻要去購買的衝動。

▌五、POP 廣告

（一）定義

POP 是英文（Point of Purchase Display）的縮寫，按照

英文直譯，POP 廣告就是銷售點陳列廣告，乃是指在商店賣場上使用的全部廣告而言。

（二）興起的原因

　　→1. 近年來消費者的購物習慣已經產生很大的改變，原來為了購買某種商品而赴商店的消費者逐漸減少，到商店街逛一逛已逐漸成為許多人的休閒活動（或樂趣）。此種情形造成衝動性購買的消費者大幅增加，而 POP 廣告正是促使消費者衝動性購買的推手。

　　→2. 昔日的商店都以店員為推銷商品的主力，今天的消費者對店員緊迫釘人式的推銷都感到厭煩，POP 廣告這種不會給消費者帶來壓迫感的推銷，於是日益受到重視。

　　→3. 現代的消費者講求購物的樂趣，追求購物自由而方便，要求商品貨色齊全，在此趨勢之下，只有 POP 廣告才能滿足他們的需要。

（三）功能

　　→1. 提供資訊，協助消費者購物。

　　→2. 創造自由自在，不受干擾的購物環境。

　　→3. 可增加「衝動性購買」的消費者。

　　→4. 可促使消費者下決心購買。

　　→5. 可教育消費者。

　　→6. 補店員之不足。

→7. 與其他廣告活動配合，可收相輔相成之效。

→8. 可配合促銷活動，提高促銷活動的效果。

（四）種類

→1. 商品說明標籤（包括用途說明）。

→2. 價目表卡（包括購買方法）。

→3. 吊式廣告牌。

→4. 誘導牌。

→5. 商品模型。

→6. 宣傳小冊。

→7. 櫥窗廣告。

→8. 櫃台陳列。

→9. 懸掛陳列。

→10. 商品陳列架。

→11. 旗幟。

→12. 布條。

→13. 海報。

→14. 招牌。

（五）製作

→1. 廣告的大小尺寸。

→2. 廣告的形狀。

→3. 商品的廣告文案。

→4. 色彩。

→5. 字體。

→6. 構圖。

→7. 使用的材料：三夾板、厚紙板、紙張、金屬品、合成樹脂、螢光燈等。

（六）展示

→1. 應先考慮賣場的布置、商品的陳列以及通路的設計等問題。

→2. 店內商品的布置應把握容易看得到、容易碰得到、容易取出來、容易搬出來等四原則。

→3. 應考慮到消費者的購買心理：

（1）被商店櫥窗的 POP 廣告吸引，對商店產生好感，走入店內。

（2）從商品陳列的分類說明，知道商品陳列的位置，再依店內通道的指示找到商品。

（3）閱讀商品設明標籤，仔細觀察商品。

（4）用手觸摸商品，閱讀用途說明標籤。

（5）查看價目表卡與購買方法，比較類似商品的價格。

（6）想像未來使用商品時愉快的情形，考慮是否購買。

（7）再次確認商品的價值，並下決心購買。

六、宣傳單

（一）功能與特色

→1. 可在指定的區域內發送。

→2. 不受季節限制，可隨時發送。

→3. 可向消費者直接陳述廣告的內容。

→4. 效果迅速，直接了當。

→5. 廣告的形狀與尺寸比較不受限制。

→6. 費用低廉，採行容易。

（二）放送的方式

→1. 夾報、隨報發送。

→2. 雇人挨家挨戶分送。

→3. 派人在街頭遞交行人。

（三）製作與發送時的考慮事項

→1. 要有明確的主題。

→2. 要有明確的訴求對象。

→3. 必須引起消費者的注意與興趣。

→4. 必須能刺激消費者的購買慾。

→5. 要能強調商店的特色，加深消費者對商店的印象。

→6. 設法讓消費者記住店名及商標。

→7. 一張宣傳單上不宜列出過多商品，以免模糊焦點。

→8. 使用質感良好的高級紙張。

→9. 選擇恰當的發送時機。

→10. 選擇恰當的發送區域。

→11. 選擇恰當的發送方法。

→12. 評估發送的張數（*每次幾張*）與次數。

（四）製作要點

→1. 構圖。

→2. 標題。

→3. 文案。

→4. 照片或插圖。

→5. 商品價格。

→6. 店名與商標。

● 格式六

銷售促進企劃案

▌ 一、何謂銷售促進？

一般說來，產品在市場的銷售，包括了廣告（Advertising）、人員推銷（Personal Selling）、公共關係（Pubisc Relation）以及銷售促進（Sales Promction）等四大工具，一個優秀的行銷人員，懂得運用此四大工具，彼此妥善的搭配，在市場上開疆闢土，創造出良好的業績。

銷售促進，簡稱 SP（是英文 Sales Promotion 的縮寫），又稱為業務推廣或是促銷活動，其實它是指企業運用一些短期的誘因與手段，促進經銷商進貨或是消費者購買其商品或服務的銷售行為。

▌ 二、銷售促進的十個要素

一個完整的銷售促進企劃案，必須包括下列十個要素：

→1. 主辦此次銷售促進的部門與負責人。

→2. 決定銷售促進的商品及主打商品。

→3. 決定銷售促進的區域。

→4. 決定銷售促進的期間。

→5. 預估此次商品的銷售數量。

→6. 決定此次銷售促進的主題與口號。

→7. 各種廣告媒體與 POP 的費用。

→8. 列出銷售促進的經費與預算。

→9. 其他協辦單位的聯繫與配置。

→10. 擬定銷售促進的毛利目標額。

三、舉辦促銷活動的恰當時機

→1. 一年一次的週年慶。

→2. 歲末清倉大拍賣。

→3. 春夏秋冬換季大優待。

→4. 配合重要節慶（春節、婦女節、兒童節、母親節、父親節、重陽節、教師節等）折扣促銷。

→5. 配合重新裝潢新開幕優待。

→6. 增設分店紀念大贈送。

四、銷售促進的種類

根據對象的不同，銷售促進可區分為下列兩類：

→1. 針對經銷商的銷售促進。

→2. 針對消費者的銷售促進。

五、針對經銷商的促銷活動

→1. **舉辦銷售競賽**：制訂一套獎勵辦法，以高額的獎金吸引經銷商盡力推銷，達成業績。

→2. **贈送小汽車或小貨車**：為了促使經銷商努力推銷，達成業績，當銷售數量達一定金額時，即贈送小汽車或小貨車。

→3. **招待旅遊**：當經銷商的業績達到一定金額時，隨即招待至國內外免費旅遊。

→4. **買十送二**：為鼓勵經銷商配合促銷活動勇於進貨，訂一打的貨品，收十個的價錢，免費送兩個。

→5. **進貨補貼**：當新產品上市時，為了激勵經銷商進貨與陳列，特地給予新產品進貨補貼。這是一種短期減價行為。

→6. **廣告列名**：廠商在做廣告時，特地把經銷商的名稱、地址、電話等列出，以利消費者按址前往洽購。

→7. **廣告補貼**：當經銷商自行刊登廣告時，由廠商補貼一定金額之廣告費，金額多寡依其銷售金額高低而定。

→8. **協助改善店面布置**：廠商為了鼓勵經銷商增加進貨量，乃派員至經銷商處協助改善店面布置。

→9. **教育訓練**：廠商為了提高經銷商之推銷技巧與商品新知，會不定期舉辦教育訓練。

→10. **年終聯誼**：每年年終，廠商會舉辦豐盛餐會，招

待經銷商與其眷屬，一則增進友誼，二則交換銷售心得。

六、針對消費者的促銷活動

→1. **家家戶戶免費贈送樣品**：廠商推出新產品時，為提高其知名度，常會配合廣告挨家挨戶贈送樣品。

→2. **買 A 送 B 的大贈送**：廠商為了處理滯銷品或是減輕庫存壓力，常會舉辦換季或年終清倉大贈送，買 A 商品立即贈送 B 商品，而 B 商品即是積壓倉庫的滯銷品。

→3. **買大送小**：這是典型的贈獎活動，只要消費者購買某較大商品，立即贈送較小商品，譬如買冰箱送咖啡壺。

→4. **折扣優待**：廠商為了吸引消費者前來購買，常會配合重要節慶，譬如兒童節、母親節等，打折優待，或是買一送一等等。

→5. **商品優待券**（Coupon）：廠商為了推廣某特定商品，常會夾報贈送優待券，消費者可憑券獲得優待，商品優待券在美加地區非常普遍。

→6. **贈送點數**：廠商會印製點數累積卡送給消費者，當前來購買時，即按所購金額贈送點數，當點數累積到一定數量，即可兌換精美贈品，此法可促使消費者持續購買。

→7. **實演證明**：廠商以受過良好訓練的推銷員，針對販賣的商品（譬如：廚房用菜刀、吸水抹布等），在百貨公司設點實際演練，證明商品的特點，此法常能收到搶購的效果。

→8. **新商品展示**：廠商在推出含有新技術的新商品時，譬如說汽電兩用省油新車種，常會利用車展的機會，對消費者做明確的解說，此法可刺激消費者之需要，能開拓市場。

→9. **聯誼活動**：廠商藉著商品的問世，配合廣告舉辦命名活動；或是在每年的元宵節舉辦猜謎遊戲（經過巧思，謎底常與商品名有關），以增進與消費者的聯誼。

→10. **新商品試用活動**：廠商為了鼓勵消費者使用其新商品，乃配合廣告舉辦新商品試用活動，消費者寫出試用心得寄回廠商可獲得精美贈品。

▌七、促銷活動之廣告配合與輔助工具

（一）廣告配合

→1. 電視。

→2. 報紙。

→3. 網路。

→4. 雜誌。

→5. 電台。

→6. 車廂廣告：鐵公路、捷運、市公車、計程車等。

→7. 戶外廣告：屋頂、牆壁、霓虹燈廣告等。

（二）POP 廣告

POP 是英文 Point of Purchase Display 的縮寫，POP 廣告指在銷售陳列的所有廣告而言，包括招牌、海報、布旗、貼紙、標籤、汽球、櫃台陳列、商品展示、示範操演等等。

（三）輔助工具

→1. DM 直接郵寄（Direct Mail）之廣告信函。

→2. 夾報傳單。

→3. 商品目錄與說明書。

→4. 宣傳車。

→5. 臨時試飲試賣攤位。

● 格式七

網路商店企劃案

▌一、選定販賣的商品

適用網路販賣的商品很多,譬如說:書籍、嬰兒用品、DVD、服裝、皮鞋、胸罩、小飾物、精油、寵物用品、情趣用品等等。在開店之前,必須評估自己較有利的條件,選定所要販賣的商品性質與種類。

▌二、經營理念

→1. 網路商店最大特色是物美價廉,本店堅持同一商品與實體商店相較之下至少便宜兩成。

→2. 追求顧客百分之百滿意,本店售出的商品在九十天之內無條件退貨,運費由本店負擔。

→3. 熱忱服務為本店的核對競爭力,熱枕服務的前提是善待員工,只要善待員工,員工自然會熱忱服務顧客;顧客滿意度高,回購率高,更能激勵員工服務熱忱。

→4. 本店最重視的兩個指標,顧客滿意度與顧客的回購率。

三、商品市場分析

→1. 商品潛在市場的大小。

→2. 商品消費層分析（年齡、性別、收入、教育程度、接觸媒體等）。

→3. 競爭商品優缺點比較（質量與商品特色）。

→4. 競爭商品售價策略比較（定價、折扣等）。

→5. 競爭商品廣告策略比較。

→6. 競爭商品公共關係（Public Relations）策略比較。

→7. 競爭商品銷售促進（Sales Promotion）策略比較。

四、綜合 SWOT 分析

→1. S 是 Strength，即優勢分析，和同樣的網路商店相比，你的優勢是什麼，譬如說，二十四小時商品送達，九十天無條件退貨等。

→2. W 是 Weaknesses，即劣勢分析，和同樣的網路商店相比，你的劣勢是什麼，譬如說，新店進貨成本較高，網路評分從零開始等。

→3. O 是 Opportunity，即機會分析，與類似的網路商店相比，你有哪些機會，譬如說，某一商品自己設計製作，市場獨一無二等。

→4. T 是 Threats，即威脅分析，與類似的網路商店激烈

競爭之下，你會面臨什麼威脅，譬如說：同行的削價競爭。

五、確立行銷策略

→1. 採行以網路為主、電話為輔的無店鋪行銷模式。

→2. 把握商品定位，確立目標市場，進行有效卡位，在網路商品市場中，只有第一，沒有第二，只有成為該商品領域中的第一品牌才能在市場中存活，因此，本商店開張之後，一定要在顧客的腦海中建立一個鮮明的位置。

→3. 在每一年度的每一季，選定利潤商品與犧牲打商品。

→4. 決定商品的定價策略，包含高價策略、低價策略以及對付同業價格競爭的策略。

→5. 配合網路特性，設定廣告內容，選擇網路媒體。

→6. 以公益活動吸引媒體的注意與報導，推行公關活動。

→7. 敲定年度裡每一季的促銷活動。

→8. 預估各類商品銷售數量與總營業額。

六、製作網頁

→1. 根據前述之行銷策略製作網頁。

→2. 網頁是網路商店吸引顧客上網購買的媒介，必須掌

握簡單易懂的原則，針對商品做仔細的文字解說與精美實物照片說明，吸引潛在顧客的注意。

→3. 必須讓潛在顧客從網頁裡獲得他們感興趣商品的詳細資料，愈詳細愈好。

→4. 網路商店特色之一就是比實體商店便宜兩成左右，廉價的特色要強調。

→5. 網路商店的特色之二是任你邀遊，不會有實體商店的店員的干擾與逼迫購買。

→6. 網站商店潛在顧客的購買心理演變的過程，大致可區分為：（1）引起注意（2）產生興趣（3）美好聯想（4）激起慾望（5）價格比較（6）肯定商品（7）採取行動等七個階段。因此，如何引起注意成為製作網頁的第一要務。

▌七、商品配送、收款、退貨

→1. 本店保證顧客在網路訂購之後，二十四小時之內務必收到商店。

→2. 本店配合便利商店與快遞公司採取貨到收款方式，顧客購物有保障。（顧客網上購物，擔心受騙上當）

→3. 為了保證顧客購物後百分百滿意，顧客可以在收到商品後九十天之內，無條件退貨。（保證顧客買到好東西）

→4. 無論配送商品或退貨，運費完全由本店支付。

● 格式八

員工訓練企劃案

▌教育訓練企劃書

訓練需要的評鑑（Need Assessment）

- 學習要有動機，效率才會高，因此須先評估訓練的需要。
- 訓練須兼顧公司與員工的需要。
- 員工的訓練需要可經由調查而得知。

訓練企劃的推動者

- 員工教育訓練須由上而下才會有效果。
- 訓練企劃案不但要獲得高級主管的參與支持，而且要他們大力推動，否則一切空談。

經費來源

- 教育訓練是一種長期投資。
- 公司應每年編列預算，支持各種訓練。

訓練目標

- 確定訓練的目標。為達成公司的要求？員工個人的需求？還是配合新工作的推展？

- 長期的目標還是短期的目標。
- 訓練目標須讓受訓者充分瞭解。

訓練時期

- 定期訓練（新進人員訓練、主管定期進修等）。
- 不定期訓練（新管理制度實施、新產品推出等）。
- 營業淡季是訓練的好時期。

訓練方式

- 傳統授課方式。
- 討論方式（個案討論、分組辯論）。
- 角色扮演方式。
- 以上三種方式適用於集體訓練，個人訓練可參加企業外的講習會。

課程設計

- 依滿足訓練需要並達成訓練目標而設計。
- 須事先與講師充分溝通。
- 課程應注重實務，避免紙上談兵，不切實際。

聘請講師

- 從公司優秀幹部中挑選或外聘。
- 須讓講師充分瞭解受訓對象與訓練目標。

- 教材請聘講師事前寫妥。
- 事先讓講師熟悉授課場所。

訓練場所

- 自備或外租。
- 寬敞、安靜、光線為必須注意事項。
- 講台（高度適當否）、麥克風（音效如何）、黑板是重要教具。

評估訓練成果

- 原則上依訓練目標來評估訓練的成果。
- 結訓後應測驗以瞭解受訓者吸收的多寡。
- 觀察受訓者的成長或工作成效，藉以評估訓練的成果。

獎勵制度

- 測驗成績優良者，發獎狀與獎金以激勵之。
- 測驗成績併入個人考績。
- 受訓後個人成長與工作成效特佳者，優先加薪或調整職務。

表五｜年度教育訓練計畫表

課程名稱	訓練項目	受訓者							舉辦月分	訓練方式						訓練場所	總費用	備註
		非操作性			操作性					傳統授課	討論	角色扮演	外派挑講	內聘	外場			
		一一級主管	二三級主管	三級主管	職員	領班	技術員	作業員	合計人數									

● 格式九

推銷員訓練企劃案

▌訓練的意義

什麼人會去當推銷員呢？一般人的看法是：找不到好工作，無可奈何的人，才會去當推銷員。

由於上述觀念的作祟，所以一般公司都不重視推銷員的訓練，在新進推銷員報到，簡單予以產品介紹說明之後，再給幾份產品說明書與價格表，就要他們出去推銷了。對推銷員之訓練如此草率，當然不可能寄望有良好的業績表現。

後來，公司經營者與業務主管逐漸發現，馬虎式的訓練，使推銷員與公司均蒙其害。他們逐漸瞭解，必須給予推銷員嚴格而完整的訓練，才能要求推銷員有優異的表現。就像戰場上的士兵一樣，在未經訓練前，有如一盤散沙；經過嚴格訓練後，士氣高昂，才有可能打勝戰。

▌訓練的目的

豐富的商品知識與精湛的推銷技巧，是任何成功推銷員的兩大基石。因此，新進推銷員訓練的主要目的，就是灌輸商品知識與傳授優異的推銷技巧，如：商品的特色、商品對

顧客的好處、商品推銷的對象、推銷方法與步驟等。

　　此外，受過訓練的推銷員才會拋棄職業上的自卑，對自己產生自尊與自信。

▋ 訓練的要素

　　一流的推銷員絕非天生，而是後天孕育訓練而成的。在撰擬推銷員訓練企劃案時，至少要包括 5W 與 1H。

　　何謂 5 W 與 1 H ？那是指：為何（Ｗｈｙ）？何人（Ｗｈｏ）？何時（Ｗｈｅｎ）？何處（Ｗｈｅｒｅ）？什麼（Ｗｈａｔ）？如何進行（Ｈｏｗ）？

為何？（訓練的目的何在）

- 新進推銷員的養成教育。
- 推銷員的在職進修教育。
- 問題推銷員的矯正訓練。

何人？（受訓與授課的人）

（一）受訓的是什麼人？

- 新進人員還是在職人員？
- 正常推銷員還是問題推銷員？
- 受訓者的教育程度？性別？年齡？
- 受訓人數？（一般推銷員訓練最好不超過十五人）

（二）授課講師是什麼人？

- 業務部門主管？訓練部門主管？或者優秀的推銷員？
- 外聘企管公司的講師或大專院校的教授。
- 上述兩項可依實際需要交叉使用。

何時？（訓練的時機與期間）

依對象的不同，考慮訓練的時機與訓練時間的長短。

（一）訓練的時機

- 新進推銷員須在進入公司後立刻舉辦。
- 在職推銷員每年至少應有一次進修教育（在淡季）。
- 在職推銷員遭遇到困境時，可採個別或小組討論的訓練。

（二）訓練時間的長短

- 新進推銷員從一星期到數個月不等。
- 在職推銷員的進修教育約七至十天。
- 針對問題的個別與小組討論訓練，從一至數小時不等。

何處？（訓練的場所）

- 公司的會議室、餐廳、禮堂等。
- 若公司易受干擾，可向企管顧問公司租借。

・如果採需膳宿的數天訓練，現在很多飯店都有會議假
期的專案，公司可依預算做選擇。

什麼？（訓練的內容）

訓練的內容包括知識、態度、技巧、習慣四大項：

（一）知識

・基本知識：公司沿革、規章、方針、組織、福利、經
營理念、分公司所在地、工廠地點等。

・商品知識：商品名稱、種類、價格、品質、性能、特
點、原料、成分、設計、構造、製造過程、有效期
間、使用方法等。此外，市場現況、競爭商品的情
報、有關的法規等。

・實務知識：估價方法、訂貨單、契約書、請款單、收
據、發票、支票、本票等。

（二）態度

・對公司的態度：忠心耿耿，引以為傲。

・對產品的態度：物超所值。

・對顧客的態度：滿足顧客的需求，處處為顧客設想。

・對推銷的態度：愈能推銷者，愈能成大事。

・對他人的態度：喜歡別人，相信人性本善。

・對自己的態度：絕對誠實，充滿自信與自尊。

・對未來的態度：實事求是，樂觀向上。

（三）技巧

・如何推銷自己。

・開拓潛在客戶的方法。

・訪問前的準備工作。

・約見客戶的技巧。

・商談說明的技巧。

・實演證明的技巧。

・促成銷售的技巧。

・信用調查與收款的技巧。

・處理拒絕的技巧。

・處理客戶訴怨的技巧。

（四）習慣

訂定目標、工作計畫、時間管理、訪問預定表、訪問記錄表、自我訓練。

如何進行？（訓練的方式）

訓練的方式可分為集體訓練與個別訓練。

（一）集體訓練方式

・傳統講授方式。

・個案討論方式。

・角色扮演方式。

（二）個別訓練方式

即採用個別單獨訓練的方式，此種方式常用於問題推銷員（指業績特差或桀傲不馴者）的訓練，或實地推銷訓練時實施之。

教材與教具

（一）教材

講義參考書、課程表、授課評鑑表、個案討論、講師自我評價表、角色扮演分析評價表等。

（二）教具

黑板、粉筆、掛圖、擴音器、投影機、放映機、幻燈片、影片、錄音帶等。

▌訓練的階段

推銷員的訓練可分為下列五個階段：

（一）心理準備

強調推銷員接受訓練，無論對公司或對他個人都有莫大

的裨益。千萬不能使推銷員有被迫受訓的感覺，因為只有在推銷員心甘情願、甚至主動要求受訓的情況下，才能激發推銷員強烈的學習欲望，以達到訓練的最大效果。

（二）說明

　　推銷員要做什麼？為什麼要做？如何去做？在訓練課程中都要說明清楚。

（三）示範

　　在詳細說明，確信受訓者已經完全瞭解之後，還得用動作示範給他們看。因為示範不但比口頭說明更容易瞭解，而且不會發生誤解（口頭說明易生誤解）。

（四）觀察

　　前述三個階段（心理準備、說明、示範）屬於「知」，「知」之後必須「行」，若無「行」，則「知」就等於「無知」了。

　　推銷員實地訪問推銷是最重要的受訓階段，通常須由資深推銷員在旁觀察。若不懂，立刻指導；有錯誤，立刻糾正。

（五）監督

監督是訓練成效的評核工作。訓練究竟發揮了多少效果？課程內容是否需補充？講師表現如何？新進推銷員中符合標準者有多少人？脫落率（指受訓後離職的比率）又有多少？

● 格式十

公共關係企劃案

▌目標與目標群

公共關係的目標

→1. 公共關係企劃案的第一部分就是確定實際工作的目標。

→2. 公共關係的目標須根據公共關係調查的結果。

→3. 公共關係調查的內容包括：

（1）公司組織、公司總目標、發展方向、人員素質、目前重大工作。

（2）瞭解公司在消費大眾心目中的形象。

（3）瞭解競爭對手公共關係的情況。

公共關係的目標群

· 設定公共關係的目標之後，就得根據目標選定目標群。

· 公共關係的目標群包括：消費大眾、社區大眾、公司員工、經銷商、供應商、傳播媒體等。

· 依據選定目標群的重要程度，劃分目標群的先後，例如：主要影響者、次要影響者、再次要影響者等。

▌媒介與活動

確立目標群後，即可針對目標群選擇溝通媒介與活動方式：

公共關係的溝通媒介

（一）大眾傳播媒介

- 報紙。
- 電視。
- 雜誌。
- 廣播。
- 網站。

（二）小眾傳播媒介

- 口頭式傳播：如演講、會議、面談、電話的聯繫等。
- 書面式傳播：信函、海報、傳單投遞、e-mail、網路 BBS 站等。

（三）公司製作的媒介

企業內刊物、企業網站、公司簡介、書籍、錄影帶、錄音帶、DVD 幻燈片等。

公共關係的活動方式

（一）針對消費大眾的活動方式

· 組織各種消費團體到公司參觀，讓他們瞭解生產過程
　與企業規模。

· 透過報紙、電視、雜誌、廣播、網站等大眾傳播媒
　介，把公司的經營理念、奮鬥經過、管理風格介紹給
　大眾。

· 出版公司或創辦人（或經營者）的傳記、介紹企業的
　經營理念與奮鬥理想。

· 不斷改善服務的品質，設專責機構解答公司產品的各
　項疑難。

· 配合公司產品，出版公益手冊，大量贈送。這些公益
　手冊如：節約用電、電器產品的操作與保養、正確使
　用殺蟲劑等。

· 重視訴怨，設專門機構，以處理各種大小訴怨問題。

· 成立基金會贊助或舉辦體育活動、文化活動、教育活
　動、慈善活動以及其他公益活動。

（二）針對社區大眾的活動方式

　　消費大眾與社區大眾的不同，前者指全國大眾，後者指
某一地區或城市的大眾。

· 透過社區的報紙與電台，讓社區大眾瞭解企業的運作
　情況，特別是他們最關心的廢氣、廢水、噪音等公害

處理情形。

・經由社區的各類領導人物與意見領袖，使社區大眾瞭解企業存在的意義與企業對社區的貢獻（如提高就業機會）。

・提供資金提高社區的醫療保健水準，如舉辦健康講座、社區消毒、免費義診等。

・提供資金提升社區的教育水準，如舉辦各種技藝與語言講習班、老人進修等。

・提供資金豐富社區文化生活，如舉辦文化講座、展覽會（書展、花展、畫展等）、音樂會、土風舞會等。

・提供資金舉辦各種體育活動，以提升社區的體育水準。

・提供資金加強社區大眾的環保意識，以提升生活的品質，如提倡垃圾分類、免費捐贈垃圾桶、贈送垃圾袋等。

・社區發生火災、水災、車禍、竊盜、疾病等意外事件時，急速前往救援與慰問。

・贊助社區其他公益活動，如殘障照顧、老人安養、幼兒上下學接送、認養公園與地下道、綠化社區、整頓交通等。

（三）針對公司員工的活動方式

・透過企業內部刊物與企業網站（內部及外部），可以讓員工瞭解公司的經營情況與未來的發展目標、人事

　　變動、員工的工作績效（獎懲）、員工的生活情況
　　（生育、死亡、疾病、婚嫁、子女、喬遷、生日
　　等）、管理規則的修訂與更改等。

- 建立員工提案制度，廣納員工的意見。
- 利用會議，以加強經營者、幹部、員工間之溝通。
- 舉辦訪問員工家庭活動，以瞭解員工的生活情況與工
　作上的困難，並可以藉機詢問員工對公司的意見。
- 設置意見箱、重視員工的投訴與建議。
- 員工在婚喪喜慶與受傷病痛，公司必須表示高度的關
　切，適時表達祝賀與慰問。
- 舉辦娛樂聯誼活動，如郊遊、運動會、歌唱會、舞會
　等。

（四）針對經銷商的活動方式

- 安排他們參觀工廠，使他們瞭解生產的程序、產能、
　品質、員工素質等等，讓他們對企業能夠產生信心。
- 與經銷商合作處理客戶訴怨問題。
- 舉辦經銷商訓練活動，以增加他們的產品知識與推銷
　技巧。
- 讓經銷商對公司的行銷與廣告活動有一定程度的瞭
　解，以便相互配合，拓展市場。
- 訂定獎勵辦法，鼓勵優良經銷商長期合作。

（五）與傳播媒體的接觸原則

- 以爭取傳播媒體瞭解與支持為主要目的，再藉他們的報導取得社會大眾對企業的瞭解與支持。
- 公關人員對新聞的時效性、接近性、特殊性、重要性、人情趣味等基本特質，都必須深入研究。
- 傳播媒體最怕被企業利用，為企業宣傳，所以公關人員不但要知道各媒體的特色與風格，而且對他們需要的「新聞」必須有深入瞭解。
- 媒體記者的工作是採訪並挖掘新聞，公關人員須及時提供他們要的新聞或新聞線索。
- 與媒體記者建立友誼的祕訣就是「真誠」。

預算與評估

公共關係的預算

- 針對公共關係的活動方式編列預算表。
- 根據公共關係的目標適時控制預算與進度。

公共關係的成效評估

- 核對公共關係的目標與成果寫出評估報告。
- 評估報告詳細說明本公關企劃案成功與失敗之處，並檢討成功與失敗的原因，以做為日後擬訂企劃案的參考。

● 格式十一

年度經營企劃案

▌一、年度的經營目標

→1. 產品市場佔有率。

→2. 企業與品牌知名度。

→3. 生產量。

→4. 新產品研發。

→5. 營業額。

→6. 獲利率。

▌二、各種經營的企劃案

（一）行銷企劃案

→1. 經濟指標。

→2. 市場分析。

→3. 競爭分析。

→4. 行銷目標。

→5. 行銷策略。

　　（1）產品方面。

　　（2）通路方面。

（3）價格方面。

（4）促銷方面。

→6. 年度行銷方案。

→7. 行銷方案的損益評估。

（二）生產企劃案

→1. 生產目標。

→2. 生產期限。

→3. 生產設備。

→4. 預計所需的人力與原料。

→5. 設立下列管制系統。

（1）生產管制系統。

（2）品質管制系統。

（3）成本管制系統。

（4）採購管制系統。

（5）倉庫與存貨管制系統。

（6）安全衛生系統。

（7）保養維護系統。

（8）污染處理系統。

→6. 年度生產方案。

→7. 生產方案的評估。

（三）新產品研發企劃案

→1. 市場需求的演變與新產品研發。

→2. 新產品的發想。

→3. 新產品的篩選。

→4. 新產品可行性的研究與評估。

→5. 新產品的試銷。

→6. 正式上市。

（四）人力資源企劃案

→1. 年度員工的甄選與雇用。

→2. 意見溝通與激勵士氣。

→3. 薪資的調整與管理。

→4. 員工福利。

→5. 國內外訓練與進修。

（五）財務部門的經費支援與預算控制

● 格式十二

企業長期經營策略企劃案

一、企業分析

→1. 總公司與全球分公司。

→2. 企業的歷史與經營項目。

→3. 企業在同業中的地位。

→4. 企業給消費大眾的印象。

→5. 企業的特性。

→6. 企業的優缺點。

→7. 企業文化。

→8. 經營理念。

→9. 管理哲學。

二、企業經營者

→1. 經營者的人格特質。

→2. 經營者的領導風格。

三、企業經營目標

→1. 短期經營目標：一年。

→2. 中期經營目標：三至五年。

→3. 長期經營目標：十年以上。

四、經營策略的變遷（企業創立至今十八年）

→1. 草創期（一至三年）。

→2. 成長期（四至十年）。

→3. 成熟期（十一至十五年）。

→4. 停滯期（十六至十八年）。

→5. 開創期（未來的十年）。

五、長期經營策略的探討

→1. 從 OEM（原廠委外製造）到 ODM（原廠委外設計）到自創品牌。

→2. 從台灣市場、大陸市場到亞洲共同市場。

→3. 新產品研發策略。

→4. 通路策略。

→5. 財務策略。

→6. 人力資源策略。

● 格式十三

房地產投資可行性企劃案

一、法規限制問題

→1. 是否符合地政法規？

→2. 是否符合建築法規？

→3. 是否符合都市計劃法規？

→4. 是否符合其他有關法規？

二、建築技術問題

→1. 若有斷層問題，目前工程技術是否能克服？

→2. 若有淹水問題，目前工程技術是否能克服？

→3. 若是地質鬆軟，興建十二層以上大樓是否有問題？

→4. 若碰到超高層建築，施工技術上是否能克服？

→5. 若碰到深開挖建築，施工技術上是否能克服？

→6. 若需要特殊建材，目前是否有生產？

→7. 施工過程中，可能遭遇的其他建築技術問題。

三、市場可行性分析

（一）5W1H 分析

→1. Who：何人。

→2. When：何時。

→3. Where：何處。

→4. What：何事。

→5. Why：為何。

→6. How：如何。

（二）STP 分析

→1. S 即 Segmentation，市場區隔分析。

→2. T 即 Targeting，目標市場分析。

→3. P 即 Position，市場定位分析。

（三）SWOT 分析

→1. S 即 Strengths，優勢分析。

→2. W 即 Weaknesses，弱勢分析。

→3. O 即 Opportunities，機會點分析。

→4. T 即 Threats，威脅點分析。

（四）4P 分析

→1. Product，產品分析。

→2. Place，通路分析。

→3. Price，售價分析。

→4. Promotion，促銷分析。

四、財務回收分析

→1. 還本期間法。

→2. 前門法與後門法。

→3. NPV 法，為 Net Present Value 之簡寫，乃淨現值法。

→4. IRR 法，為 Internal Rate of Return 簡寫，乃內部收益率法，又稱內部報酬法。

→5. MIRR 法，為 Modified Internal Rate of Return 之簡寫，乃修正後內部收益率法，又稱修正後內部報酬法。

→6. PI 法，為 Present Index 之簡寫，乃淨現值指數法。

五、風險性分析

→1. 風險容受力分析。

→2. 敏感度分析。

→3. 情境分析。

→4. 蒙地卡羅模擬分析。

→5. 變異係數分析。

● 格式十四

社團活動企劃案

一、活動名稱

　　社團的活動形形色色，種類繁多，譬如「健行郊遊」、「歌唱比賽」、「下鄉義診」、「護鄉護溪」等等，必須書寫清楚。

二、活動緣起

　　指這個活動的由來、經歷以及目前的狀況。

三、活動目的

　　每個社團舉辦活動的目的均不相同，「健行郊遊」可能為了聯絡感情，增進身心健康；「歌唱比賽」為了選拔優秀人才代表單位參加競賽；「下鄉義診」是為了服務偏遠地區的原住民；「護鄉護溪」是為了還原家鄉清澈乾淨的河川。

四、主辦單位

　　指主辦此次活動的單位，譬如說：台北市衛生局主辦「健行郊遊」活動、飛碟電台主辦「歌唱比賽」、台大醫院主辦「下鄉義診」、台東縣卑南鄉主辦「護鄉護溪」活動等等。

五、協辦單位

即協助辦理此次活動的單位。

六、指導單位

通常公家機關辦活動時，常會看到指導單位，這雖說是官樣文章，但也不能忽略。

七、參加人員

指參加這個活動的所有人員，必須依據每個人的詳細資料列出姓名、地址、網址、電話、手機號碼等等。

八、活動舉辦時間

詳列活動舉辦的日期與時間。

九、活動舉辦地點

必須寫明活動舉辦地點，最好有簡明的圖示。

十、活動內容

此次活動包括哪些內容均需詳細列出。

十一、活動流程

根據活動的參加人員、時間、地點、內容等等，必須很有條理地寫出活動的流程與其進度的控制等。

十二、工作分配

同樣的，根據活動的參加人員、時間、地點、內容等等，詳細分配每個人每天的工作，以及每項工作的負責人。

十三、經費預算

舉辦此活動所需的各項經費、車輛、人力、物力等，均需各別詳細列表說明。

十四、效果評估

這可分兩方面來說明，首先，一個好的活動企劃案，其效果是可期待、可預測的；而後，活動結束之後，必須做效果的檢討評估，證明是否與事前預測的吻合。另外，必須列出活動中所有的缺失，以做為舉辦下次活動企劃案的參考。

激發創意的
二十個方法

好的藝術家，抄；偉大的藝術家，偷；我們向來對偷取偉大
的點子一點都不覺得可恥。

——史帝夫·賈伯斯

● 方法一

天天動腦

　　世界上有兩類人，一類人腦筋死板，故步自封，不願冒險，抗拒改變，凡事墨守成規；另一類剛好相反，他們作風開放，永遠不安於本分，喜歡冒險，樂於改變，他們厭惡墨守成規，本質上流著叛逆的血。其實，這兩類人最大的差異就在：前者從不動腦，而後者勤於動腦。

　　任何傑出的企劃人，由於他們永不安分，不斷地冒險，永遠在動腦，因此當然屬於後者。

　　績效優異的 IBM 公司，全世界人員的桌上，都擺著一塊「THINK」的金屬板，目的是要他們多動腦。

　　動腦，是激發創意的首要方法。

　　螞蟻是組織力極強的動物，可是牠的腦袋僅由二百五十個神經細胞所組成，而人類的腦袋是由一百六十五億的神經細胞所組成。這一百六十五億個腦細胞，一般人只用了二千萬個，大發明家愛迪生（Thomas Alva Edison）與德國名相俾斯麥（Otto Von Bismarck）是腦細胞用最多的人。前者一共用了四十億個，後者用了三十億個。

　　如果你既不想當平常人，也不想當愛迪生或俾斯麥，只想當一個出色的企劃人，那麼應當用多少腦細胞才適當呢？答案是一百六十五億的百分之一點二，也就是二億個腦細

胞。換言之，立志當企劃人之後，你必須比平常多動十倍的腦筋。

因為腦細胞是愈用愈靈活，而且一輩子用不完的，所以不要害怕動腦。而且動腦也沒想像中那麼困難，請讀下面的兩則實例。

實例一：味精的故事

日本有一家味精公司的老闆為了增加味精的銷售量，要求全體員工每人提出一個方案，經採納者將獲得一筆獎金。

該公司員工有人建議增加銷售網，有人建議改變包裝，有人建議加強廣告，最後雀屏中選的是一位工廠女工的提議──要公司把裝味精的瓶口上的小洞放大兩倍。

該女工的點子是在家中用餐時無意間想出來的。原來她一直為想不出任何方案而萬分苦惱，有一天在家中用餐喝湯時，順手拿起桌上的一瓶胡椒粉，要把胡椒粉倒到湯裡面，卻因瓶口的小洞受潮塞住而倒不出來，她拿了一支牙籤清理小洞的胡椒粉渣時，靈光一現，想出那個絕妙的點子。

實例二：暗房的故事

若干年前，美國著名的底片沖印公司 GA 的暗房部門，生產上發生問題，暗房內的軟片操作員必須在漆黑的房間內作業，不但生產速度緩慢，而且經常造成接合上的錯誤。

暗房部經理為此傷透腦筋，苦思解決之道，有一天，他

靈機一動道：「反正是在漆黑的暗房內摸索工作，明眼人做不好的事，何不請盲人來試試看。」

結果出乎大家意料之外，明眼軟片接合員每小時能處理一百二十五捲膠捲，而視盲的軟片接合員能處理一百六十捲膠捲，視盲者比明眼者多出了三十五捲的產量。不但如此，以前經常發生接合錯誤的問題，經過視盲者接手之後，就很少發生了。

上面兩則故事告訴我們，動腦並不困難，難的是要天天動腦，自己每天設定一個動腦的時間與地點，譬如：清晨睡醒上廁所時、在上班的公車上、散步時、洗澡時、入睡前。

想要當一個企劃人，想要激發出好創意，勤於動腦是你必須跨出的第一步。

● 方法二

恢復想像力

　　企劃人最重要的人格特質，除了必須天天動腦之外，就是要具備豐富的想像力。

　　人類的心智大約可區分為觀察、記憶、理解（分析和判斷）、想像四大功能。其中以想像力最重要，因為它是一切創意、企劃、發明之泉源。人類為了加強手指的力量，所以發明老虎鉗與起子；為了加強手臂的力量，所以發明鐵鎚與千斤頂，它們都是想像力的傑作。

　　許多偉人深知想像力的重要，科學家愛因斯坦曾說：「想像力遠比知識來得重要。」大文豪莎士比亞（William Shakespeare）說：「想像力使人類成為萬物之靈。」哲學家狄斯雷立（Disraeli）則更露骨地說：「想像力統治著整個世界。」

▌想像力是什麼？

　　想像力包括夢想、聯想甚至幻想等，它是人類的特殊稟賦，它是一種把經驗、觀念、夢幻等矛盾的因素融合成一體的能力，也是一種將內在的心靈世界與外在的現實世界組合成虛構形象的能力。人和獸之間最主要的天賦區別就在：人

類能運用想像力，去發揮自己的潛能並控制大自然；而其他的動物除了簡單的記憶力之外，毫無運用抽象意念的想像能力。

想像力是企業家成功的祕訣

許多人對船王歐納西斯（A. S. Onassis）致富的祕訣很好奇，特別是他在與人洽談生意或主持會議時，既不用祕書，也不準備檔案，可是都能折服對方，無往不利。

有一天晚上，服侍歐納西斯達十年的僕人佛萊德發現他成功的祕密。

佛萊德說：「晚上十一點左右，我看見歐納西斯獨自在甲板上走來走去，喃喃自語。前後有兩個小時，他就像在主持一項重要的會議，有時點頭認可；有時停頓一會，思考恰當的回應；有時生氣地喝斥；他就像一名在排戲的演員。」

原來歐納西斯成功的祕密就在——運用想像力，事前做充分的練習與準備。

想像力是作家創作的泉源

法國劇作家居雷爾（Francois Curel）想要寫劇本時，就會到空無一人的劇場去，假想舞台上好比有真人在演奏一樣，運用想像力，開始構思劇本。

居雷爾總是一邊幻想著一邊揮筆疾書。當然，他寫了又改，改了又寫，一直不停地寫下去。寫到最後他筋疲力盡，

精神恍惚之際，突然腦袋裡浮現出舞台的景像，同時舞台上的人物開始演出。

這時，別人當然看不見，可是對居雷爾而言，各種角色正鮮活地在舞台上既走動又講話。於是，他把舞台上的對白仔細地寫下來，接著，一個完整的舞台劇本就完成了。

▌「如果」思考法

想像力是一種天賦的本能，每一個人在孩童時，原本都具有豐富的想像力，可是在社會種種框框（包括法律、規章、制度、傳統等）的限制與約束之下，隨著年齡的增長逐漸被扼殺了。根據美國一項研究顯示，兒童進入小學就讀兩年之後，想像創造的能力減少 61％，到四十歲時，減少98％。為今之計，得要設法恢復。

為了提高成年人的想像力，有人「刻意」或經常和純真的小孩一起玩耍，也有人經常自己動手製造家具或裝修自己的房屋。由於前者易受小孩豐富想像力的感染，後者在動手過程必須運用到想像力，因此兩者都是提高成年人想像力的方法。

雖然上述兩種提高想像力的方法有一定的效果，可是都比不上一種運用「如果」的方法。

當一個人的思考有了「如果」的空間，那麼他的想像力將從法律、規章、制度、傳統等束縛中解放出來。許多新產

品由此開發成功。

　　——惠新公司的暢銷產品「YG 新潮內褲」（一種男性
　　　比基尼式緊身三角褲），那是來自「如果讓男人也
　　　穿三角褲」的賣點。
　　——百能工業公司的 Bensia 免削鉛筆，那是來自「如果
　　　鉛筆不須用刀削還能夠繼續寫書」的賣點。
　　——風行一時的電磁爐，那是來自「如果爐子不用火也
　　　能煮東西」的賣點。

　　從上面三個實例可知，「如果」的思考方式為提高想像
力的良策，應多加運用。

● 方法三

角色扮演法

　　激發創意的第三種方法就是角色扮演法（Role Playing），那是站在別人立場去思考的一種方法。

　　在人際交往上，這種把自己假設為他人的想法，常使自己凡事設身處地為別人著想，而使自己廣得人緣，成為一個溝通的佼佼者。一個以「己所不欲，勿施於人」為金科玉律的人，凡事設想周到，善解人意，必定是位圓融成熟的人。

用在報紙報導上

　　另一方面，此種為他人設想的「角色扮演」，常強烈表現在人類的同情心上。

　　有一次，美國某報紙刊登了兩則新聞，一則報導由於預算赤字達七十億美元，可能使杜魯門總統的聲望下降；另一則報導三個鄉下少年替一隻骨折的小狗架上護板。

　　事後調查指出，有 44％的婦女記住狗新聞，只有 8％的婦女記住總統聲望可能下降的新聞。造成此項結果的原因是：一般婦女把自己設想成那三個鄉下少年之一，而不易把自己設想為杜魯門總統之故。

用在電視劇上

此一「角色扮演」的設想理論亦可應用在電視劇上。

造成電視八點檔連續劇高收視率的主因,乃是人們希望自己成為鏡頭裡的人物。假如他們不是為了把自己的經驗與性格,轉換為劇中人物的經驗與性格的話,為什麼會一再打開電視,樂此不疲呢?電視節目的製作人與編劇人,就是充分掌握人們「角色扮演」的心理,屢創佳績。

也只有「角色扮演」的設想理論,才能解釋當年轟動一時的《梁山伯與祝英台》電影,有那麼多人看了又看,甚至有人看了一百多場。

用在處罰子女上

絕的是,也有人把「角色扮演」運用在處罰子女上。

有若干美國夫婦當其子女犯錯時,就以「易地而處」的方法,坐下來與子女共同詳細討論所犯的錯誤,然後由子女自行決定應受輕或重的處罰。

此種方式會使孩子覺得受到公平合理的處罰,因而心甘情願,毫無怨言,而且較易改正。

如果我是顧客

角色扮演法原來的公式是「如果我是他」,假設用在企業界的話,應該就變成「如果我是顧客」了。

舉例來說,假如你是一個推銷員,那麼原來你在推銷某

一產品時，心中會想：「我應當如何推銷，顧客才會購買我的產品呢？」如今角色對調，把自己當成顧客，心中要想：「我是一個顧客，推銷員要如何向我推銷，我才會買他的產品呢？」

　　美國曾經有一個家具商人，販賣了四十年的家具之後，運用角色扮演法才能深刻體會出，他根本不是在賣家具，而是在販賣家具所產生的精神意義，諸如：溫馨、舒適、放鬆等，使家成為一個充滿愛與關懷的地方。簡言之，家具商根本不賣家具，而在賣「溫馨與關愛」。

　　角色扮演法亦常運用在推銷員的訓練上，效果良好。

● 方法四

相似類推法

所謂相似類推法，就是拿形體相似的東西來刺激自己產生構想的一種思考方法。

▌取法大自然

運用相似類推法最便捷之策，就是從大自然中找到相似的東西，以此類推，觸發出靈感。有關這一類的例子，多得不勝枚舉：

飛機設計的基礎，靈感來自天空的飛鳥。

蛙鞋的發明，靈感來自青蛙的後腳。

連接山谷間的吊橋，靈感來自蜘蛛所結的網。

工程上嵌板的蜂巢式設計，得自蜜蜂窩的啟示。

釘鞋的發明，得自貓科動物腳掌的啟示。牠們不但奔跑迅速，而且能輕易煞住。人類觀察牠們的腳掌，從腳掌上的爪子得到靈感，設計出釘鞋。

美國人查爾斯‧道（Charles H. Dow）多年觀察潮水的起落與波浪的變化，領悟出一套顛撲不破的「道氏股價理論」。他發現，股價的漲跌好比潮水的起落，怎麼來就怎麼去，而且漲多少就會跌多少；此外，在多頭市場，一波比一

波高，而在空頭市場，一波比一波低，它的走勢與波浪一模
一樣。

帶刺鐵絲網來自薔薇刺

再說一則取法大自然的精彩故事。

約瑟夫是美國加州鄉下窮人家的孩子，小學畢業後因無
力升學，只得替人牧羊賺取微薄工資貼補家用。他雖輟學卻
十分好學，常利用牧羊之便，在樹蔭下勤奮讀書。

牧羊柵欄是用若干支柱拉著三條鐵絲所圍成的，約瑟夫
的工作很簡單，他只要把羊群看好，不要讓牠們衝破柵欄就
行了。可是羊群常趁他讀書時，衝破柵欄損害附近的農作
物。每當事件發生時，主人就痛罵他：「混蛋小子！我雇你
來看羊，你卻看書，牧羊不需要什麼學問啦！」

約瑟夫嗜書如命，不願放棄讀書，他心想：「難道沒有
一個萬全之策，使羊群跑不出柵欄，而我又能安心地讀
書。」於是他開始仔細地觀察羊群如何衝破柵欄。

結果他發現一個有趣的現象：小部分以薔薇做圍牆的地
方從來沒被破壞過，反而若干拉著粗鐵絲之處經常遭衝破。
為什麼呢？因為薔薇有刺，羊的身體一靠上去就會被刺痛。

約瑟夫突然靈光一閃：「假如全部用薔薇做圍牆……」
他估算一下在柵欄四周種植薔薇，等它們長大至少要四、五
年的時間，他洩氣了。

幾天後，他突然想到：「為什麼不把刺直接裝在四周的

鐵絲網上呢？」（這是相似類推法）於是他就把鐵絲剪成五公分長，並將鐵絲的兩端剪成尖刺，再纏在鐵絲柵。羊群只要碰到柵欄立刻被刺痛而紛紛縮回。

約瑟夫利用相似類推法，發明了帶刺鐵絲網，不但解決牧羊的難題，還去申請專利。不久，這種帶刺鐵絲網風行全美國，普遍用在牧場、家庭防盜、戰地防禦網，他因此而成為鉅富。

利用別人的構想

除了取法於大自然，利用別人的構想來刺激自己的構想，以產生創意，也是相似類推法。

舉例來說，假設你正在思索某新產品的包裝問題時，可以從其他產品的包裝，如珠寶的包裝、香菸的包裝、錄影機的包裝等等做為刺激的來源，類推到新產品的包裝。

下面介紹利用別人的構想產生創意的實例。

波蜜果菜汁來自 V8

1974 年間，久津公司決定開發罐頭果汁類的新產品。經過市場調查發現，剔除食品罐頭外，市面上罐頭果汁類的產品可分為水果罐頭、果汁罐頭、汽水罐頭三大類，而且每一大類各種品牌的成分大同小異，都無特色可言。

不久，他們無意間發現一個名叫「V8」的蔬菜汁罐

頭。該產品頗具特色，深受美國人喜愛，而此類產品在台尚無人生產，於是他們就往罐裝蔬菜汁深入研究。經過試喝研究後發現，國人覺得 V8 太鹹、太腥（生菜汁的腥味），為了去除腥味，又能保持蔬菜汁的特性，可行之道就是把蔬菜與果汁組合起來，生產果蔬綜合飲料。這就是波蜜果菜汁的由來。

　　久津公司利用 V8 的構想，刺激自己要生產罐頭果汁類產品的構想，產生蔬菜加果汁的靈感，創造出「波蜜」這個暢銷產品。

● 方法五

逆思考法

　　所謂逆思考法，就是從完全相反的方向思考的一種方法。它又稱顛倒法，就是不按牌理出牌，把問題顛倒過來思考的一種方法。諸如：上下顛倒、裡外顛倒、左右倒置、主客易位，前後顛倒，還有：打亂順序、使事物倒立、反其道而行、事物之反面、事物之負面、正反倒置等等。

　　縫紉機發明的關鍵，就在不把針孔放在針頭，而把針孔放在針尖，這是逆思考。

　　席捲日本 30％胸罩市場的華歌爾前扣胸罩，把扣環從傳統的後背移到前胸，這也是逆思考。

重整大王的故事

　　日本的重整大王坪內壽夫在整頓來島船塢公司時，就利用相似類推沒與逆思考法圓滿地達成任務。

　　坪內壽夫非常喜愛思考，他眼見福特（Henry Ford）運用生產線使生產力提高了八十三倍，研判生產線構想一定能移植到造船業（這是相似類推法），苦思一段時日，毫無進展。

　　有一天，他看見太太在做壽司，她把做好的壽司卷放在砧板上，再用刀子將整卷壽司切成若干小份，切好後，再抓

緊兩頭放置在盤子上。

　　坪內壽夫突然靈機一動，造船為何不採取與做壽司相反的步驟，把造船的程序分為許多環狀的單位，待每單位各別完成後，再把它們組成一艘完整的船（這是逆思考法）。就憑他這種創新的製造方法，不但縮短了工期，而且大為降低製造成本，因此製造出全日本最便宜的鋼鐵船。

震旦行的故事

　　1968 年，震旦行曾運用逆思考，順利地打開電動打卡鐘的公營事業市場。

　　當時，台北市政府為配合行政院人事行政局所推動的公務人員出勤管理，撥出四萬元預算，公開招標購買兩部電動打卡鐘，以便試辦上下班打卡制度。

　　那時，參加投標的廠商競爭得非常激烈，而每部電動打卡鐘的市價約一萬七千元左右。震旦行為了得標，運用逆思考——「不賣，用送的」，於是以象徵性一部一元的價格（兩部，共計兩元）參加投標，結果當然由震旦行得標。

　　次日，台北市各大報對此事都大篇幅報導，其中還包括高玉樹市長贈旗感謝的消息，就宣傳價值而言，這些報導的效果遠超過兩部打卡鐘的三萬四千元。

　　不僅如此，後來因為試用滿意，台北市政府陸續向震旦行購買七十幾部打卡鐘。從此，震旦行銷售的打卡鐘順利地打入公營事業的市場，市場佔有率高達97％，這都是逆思考

的功勞。

雇用小偷來防偷

　　日本某百貨公司，為了杜絕偷竊，採用「顧用小偷來防止偷竊」的點子，更是逆思考下的傑作。

　　該百貨公司生意興隆，但因偷竊事件層出不窮，公司非但不堪其擾，也造成很大的損失。於是該公司董事長召集全體員工開會，共思對策。大家提出來的，都是「增派警衛人員」或是「加裝閉路電視」等老意見。

　　董事長知道那些老意見不會有什麼效果，只好向管理顧問師求救。顧問師瞭解問題癥結後，對董事長說：「你就僱用小偷來防止偷竊。」

　　顧問師的建議如下：

- 雇用小偷到公司來偷東西，所偷物品交給董事長；當然被捉到的話，不會送警察局，直接送董事長辦公室。藉小偷的偷竊來訓練員工的警覺性。
- 向全體員工宣布，已有小偷集團以本公司為目標，請大家提高警覺。雇用小偷來偷的事，除董事長之外，沒人知道。

　　剛開始，小偷很猖狂，商品屢次被偷；不過員工的警覺性日日增強。三個月後，小偷就再也偷不到任何東西了。

● 方法六

化繁為簡法

　　化繁為簡法又稱為切割法，就是把繁雜的問題切割成若干小問題的一種思考方法。當你遭遇複雜難解的問題時，若能抽絲剝繭，把問題切割開，從幾個分割部分考慮的話，比較能找到解決的方案。

　　先問你一個最基本的幾何問題，六角形的內角和共多少度？三角形的內角和為 180 度，這個大家都知道，不過六角形的內角和是多少，你可能不知道，其實，只要劃三條補助線，把六角形切割成四個三角形，那麼你就能輕易的算出六角形的內角和為 720 度（180×4，參看附圖一）。

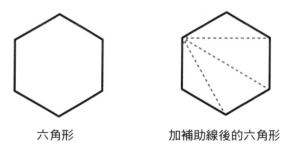

六角形　　　　　　　　加補助線後的六角形

附圖一

這個幾何問題給我們重大的啟示：一個看來複雜難解的問題，只要把它切割成若干小問題，一切就迎刃而解了。

舊產品的切割常能產生創意。雞販鑑於有人只吃雞腿，有人只吃雞胸，還有人只吃內臟，於是他把雞腿、雞胸與內臟切割後，分開來賣。這是經由「切割」的概念，所產生的賣點。平板電腦的問世，也不過就是把電腦大部分功能「切割」掉，僅留下上網的一種新產品罷了。

商務旅館

旅日理財專家邱永漢，於 1964 年在東京首創的商務旅館（Business Hotel），它以樸實、自助、價廉等特點，有別於大飯店的豪華、服務、昂貴，因此一推出之後，即大受出差者的歡迎。此一傑出賣點，亦源自切割概念。

當時因為很多日本企業的總公司遷到東京，所以造成許多上班族出差的機會。可是，一般大飯店的食宿費每日需六千圓日幣，而一般出差員工每日食宿費只有三千圓日幣。換言之，出差的員工不足部分必須自掏腰包。

邱永漢針對三千圓日幣的出差市場，創立商務旅館，他把大飯店的餐廳、酒吧、禮堂以及一切華而不實的休閒設施全部切割（標準的切割多餘元素），房間力求精簡，一切服務自助（省去服務生開銷），收費低廉。此一具備平實、安靜、實用、價廉的商務旅館，立刻成為上班出差族的最愛。

液體蛋與低脂奶粉也都是切割概念下的出色產品。

液體蛋

所謂液體蛋，就是用自動化的機器把鮮蛋去殼之後，再分離蛋白與蛋黃（切割的概念），然後將它們分別冷凍之後裝罐的產品。

液體蛋在 1980 年初，才從國外引進。因為糕餅業者在製造各種麵包與蛋糕時，必須單獨使用蛋黃或蛋白，所以成為液體蛋的主要客戶。

以往糕餅業是自己分蛋黃與蛋白，既費時又費工，而且用人工分離時，蛋殼屑常跑進糕餅之中，嚴重影響產品的品質。

如今，一蛋三分之後，蛋殼可做肥料與飼料，蛋白是製造蛋糕與布丁的必需品，而蛋黃則可製造麵條與蛋黃醬。此外，蛋商在淡季時，把賣不完的鮮蛋加工後，製成液體蛋儲存起來，亦可調節鮮蛋淡旺季產銷失衡的問題，真是好處多多。

低脂奶粉

低脂奶粉，也是把奶粉中的脂肪分離之後（切割的概念），所產生的新產品。

低脂奶粉就是脫脂奶粉。奶粉都是將鮮奶脫水之後製成的。傳統的全脂奶粉在脫水過程中，並沒一併脫脂，因而脂肪含量高，這使得怕胖的人，視喝牛奶為畏途。

現代人由於吃得多，動得少，因此肥胖變成非常普遍的

文明病，低脂奶粉大幅降低奶粉中的奶脂肪，從原來全脂奶粉每一百公克含二十八公克脂肪，降到每一百公克只含一公克奶脂肪。

因此，低脂奶粉上市後，立刻廣受「懼胖族」的歡迎。

我經常使用切割法來解決寫作上的難題。舉例來說，為了解讀全篇既深奧難懂又無標點的經典古書《人物志》，我就想到切割問題，將該書從章切成節、割成段、分成句、截成詞、斷成字。然後從每一個字反覆思索與推敲，把字確實弄懂之後再往前推，字→詞→句→段→節→章，如此一來，一本淺顯易懂的《識人學》總算大功告成。

● 方法七

改變觀點法

　　所謂改變觀點法，就是用新鮮或不同的觀點去看一些早已習以為常的事物。

一米一的新視野

　　先說一則故事。

　　日本名教授多湖輝曾為ＮＨＫ製作一部名叫《一米一之視野》的影片，內容報導小學一年級學生的就學與一般生活狀況。

　　因為小學一年級學生的眼睛高度，平均在一米一左右，所以影片的名字就叫《一米一之視野》，而且攝影機在拍攝上下學、街景、學校、居家生活等鏡頭時，全部定在一米一的高度。

　　結果發現：小學生因為個子矮，走在街上買不到熱狗；想打電話，也因搆不到投幣孔拿不到話筒而放棄；放學回家，有些家住高樓大廈的人，因按不到電梯按鍵，只好走樓梯。

　　節目播出後，引起熱烈的回響。以往各販賣架、公用電話、電梯按鍵等，只從大人的角度，從沒考慮小孩的立場。

此後日本興建公共設施時，乃逐漸考慮到小孩與殘障方便與否的問題。

《一米一之視野》給我們很好的啟示：用不同的**觀點**去看這個習以為常的社會，會發現一些弊端，也會看到許多新鮮的事物。其實世界沒變，改變的只是你的**觀點**罷了。

用新**觀點**去看一些老事物，雖然僅僅改變認知，卻常能激發出若干寶貴的創意。就像一個新進的員工，因為他用新鮮的觀點去看該企業的事物，所以能夠立刻察覺該企業不合理之處。同理，一個剛踏入社會的青年，也能夠馬上發覺社會上種種矛盾、不公平之處。

▌超弱黏膠新用途

舉個實例來說明，美國 3M 公司於 1978 年推出的自黏性便條紙，就是一個運用改變觀點法之下，所產生的暢銷產品。

自黏性便條紙是由 3M 公司的研究員史爾華（Spencer Silver）所發明的。他在 1964 年參加一項研究計畫，該計畫主要在研究出黏度超強的黏膠。結果史爾華適得其反，竟然研究出一種黏度超弱的黏膠。

由於它的「內聚性」較強，而「附著性」較弱，因此能將兩種物體黏起來，但黏不緊。因為該公司一向追求黏性更強的黏膠，所以它絲毫不受重視，大家都說：「這種不黏的

黏膠沒什麼用的！」

　　史爾華獨排眾議，他逢人就說：「這種黏不緊的黏膠一定有其用處。是否有不需永久黏著，只需黏一陣子的東西呢？是否能用它開發出新產品，滿足人們愛黏多久就黏多久，想撕掉又可隨時撕掉的慾望呢？」（這是改變觀點法）

　　1974 年，史爾華的同事亞瑟・佛萊（Arthur Fry）利用此種超弱黏膠，開發出自黏性書籤與自黏性便條紙，於1978 年上市，結果大受歡迎，席捲整個美國市場。

吹風機的用法

　　吹風機，自然是用來吹整頭髮的。有一次，一位聰明的主婦拿吹風機當捕蟑螂器（這是改變觀點法），用吹風機的熱風把躲進角落的蟑螂逼出來，然後用殺蟲劑消滅牠們。也有主婦用吹風機來吹乾小孩尿濕的床（這也是改變觀點法），據說這就是烘衣機產生的由來。

　　名企劃人詹宏志說：「觀念就是力量，僅僅認知上的改變，就是力量無窮的創意。創意不一定改變了東西，有時候只是改變了自己，改變了想法。」

　　他這一段話，正好給改變觀點法做一個最佳的詮釋。

● 方法八

聯想法

聯想是人類的特殊稟賦（另外還有幻想與夢想），它是經由事物之關聯、比較、連接以及因果關係，從某一事物出發，去推想另一事物。因為它可在已知的領域內建立關聯，亦可從已知的領域奔向未知的領域，故能激發創意，增強企劃力。

聯想法可區分為相似聯想（相似類推法）、對立聯想（逆思考法）、連接聯想、因果聯想、自由聯想等五種。看到老虎，聯想到貓，那是相似聯想；看到侏儒，聯想到巨人，那是對立聯想；看到床鋪，聯想到棉被，那是連接聯想；看到難民，聯想到饑荒，那是因果聯想；至於自由聯想，那是一種不受拘束與限制的聯想，通常它會是相似、對立、連接、因果等各種聯想的組合。

一般人因為受到僵化的教育方式與傳統權威制度的影響，連接聯想力非常有限，聽到桌子，就只能想到椅子，聽到茶壺，只能想到茶杯。所幸，我們在民謠中，經常發現豐富的連接聯想力。

民謠聯想

舉台灣民謠「火金姑」為例。

火金姑①，來食茶，茶燒燒②食芎蕉③。芎蕉冷冷，食龍眼。

龍眼要剝殼，來吃菝④。

菝仔全全籽，害阮食一下，落嘴齒⑤，落嘴齒。

〔**註解**〕①火金姑就是螢火蟲。②茶燒燒就是茶熱熱的。③芎蕉就是香蕉。④菝就是番石榴。⑤落嘴齒就是掉牙齒的意思。

短短四十五個字，從螢火蟲→茶→香蕉→龍眼→番石榴→牙齒，其間段落還得押韻，令人不得不佩服其文采與豐富聯想力。

圖像思考

因為聯想乃是想像力與記憶力的連接，所以要培養你的聯想力，不但要訓練自己用語言思考，更要訓練自己用圖像思考。

舉例來說，你到辦公室上班。如果你用語言思考的話，「早上起床，洗臉、刷牙，用過早餐，搭上公車，就到公司上班了。」

如果你用圖像思考的話，「早上七點被窗外的小鳥叫醒，到陽台撿起早報，點了一根菸，進了廁所，一邊讀報，一邊上大號。洗臉時我發現毛巾破了一個洞，牙膏也快用完了。脫下睡衣換上昨天新買的襯衫，早餐吃了兩碗稀飯、兩個又香又嫩的荷包蛋。與太太道別，在門口碰見同事老李，

一起走到公車站，剛好公車來了，在公車上兩人聊起股票的事，突然有一老太婆上來，我趕緊讓座。後來人愈來愈多，一個冒失鬼把我的皮鞋踩髒，我望了他一眼，他才道歉。下車後，在公司門口又遇見同事老張，三人道早、問好，走進了公司。」

你會發現，語言思考非常簡潔、快速，當你想到上班，立刻就到了；而圖像思考則浮現出許多被你忽略的細節，那些瑣瑣碎碎的細節都是創意的素材。

你還可以運用圖像思考解決難題。

舉例來說，假如有人考你：「限你在十分鐘之內，列舉你所想到有關圓形之物。」你知道圓形之物甚多，可是一時之間要列舉出來，又茫然無頭緒，這時必須用圖像思考去聯想。

清晨被鬧鐘叫醒了，啊！鬧鐘是圓的；起床脫掉睡衣，看見睡衣的鈕扣，鈕扣是圓的；打開窗戶，看見小朋友騎車經過，哦！車輪是圓的；走進浴室刷牙，對了！鏡子與漱口杯都是圓的；在桌上用早餐，桌子是圓的，茶杯是圓的，茶墊也是圓的；走出門口，看見一隻小鳥，鳥的眼球也是圓的……。

運用圖像思考去聯想，就可發現許多的圓形物。

● 方法九

焦點法

　　焦點法是一種運用聯想來思考的方法。由於它聯想思考的過程，好比照相時必須對準鏡頭的焦點一樣，所以稱之為焦點法。

　　舉例來說，假設我們要開發「椅子」的新產品，聯想思考的過程如下：

　　一、首先必須找一個與椅子毫無關係的東西來思考，假設這個東西是「皮球」。

　　二、接著，你一邊分析皮球的性質，一邊根據皮球的性質擴大聯想：

- 皮球是皮做的，能不能用皮來做椅子呢？那就是沙發椅啊！
- 皮球是圓形的，能不能做出圓形椅呢？
- 用手拍皮球，皮球會彈來彈去，能不能做出會走動的椅子呢？那就是輪椅啊！

　　三、接著，皮球→球→球根→花。想到花，你又一邊分析花的性質，一邊根據花的性質擴大聯想：

- 花能散發出香味，能不能做出能散發各種不同香味的椅子呢？

- 花有紅、黃、藍、白等各種不同的顏色，能不能做出彩色椅，或是能不能做出隨時變更顏色的椅子呢？

- 花開、花謝，那是隨季節而變化，能不能做出冬暖夏涼的椅子呢？

四、從「皮球」與「花」聯想到的一切事物，都可以和椅子的開發設計扯上關係。其間聯想思考的過程，就像照相時必須對準鏡頭的焦點（此時的焦點是「椅子」）般，所以叫做焦點法。

當然，「皮球」、「花」都是聯想的媒介罷了，你可以拿其他許多與椅子完全無關的東西來做媒介，例如：收音機、風扇、相簿、鉛筆等等。

媒介就是聯想的基礎，有了基礎，思考才不會漫無目標，雜亂無章。而且，有了媒介，將使你的聯想更豐富，更容易獲得創意。

● 方法十

觸類旁通法

　　所謂**觸類旁通法**，就是拿他物來刺激自己，以便從中獲得啟迪的一種思考方法。此處所指的他物，可能是無意間看見的自然景觀，可能是別人無意中的一句話，也可能是書本上的某一段文章。

▋ 聽診器的誕生

　　大家都知道，聽診器是醫生聽診用的醫療器材，可是許多人不知道，聽診器是經由觸類旁通法發明出來的。

　　在 1819 年以前，醫生在看病時，必須把耳朵貼在病患的胸脯上，以聽取心臟和肺臟發出的聲音來研判病情，非常的麻煩。

　　1814 年的某一天，雷內克醫生出診回來經公園時，看見一群小孩在蹺蹺板上玩一種奇妙的遊戲。只見一個女孩將耳朵貼在蹺蹺板的一端，而一個男孩則在另一端用石頭輕敲，那個女孩忽然高興得拍手大叫。原來她清晰地聽到男孩傳過來的敲擊聲。

　　雷內克靈機一動，內心想著：「假如把此種原理應用在聽診上，一定能夠聽見病人體內的聲音。」

　　經過五年的研究，他終於在 1819 年發明一種鑽孔的木質圓筒，可將患者體內的聲音傳到醫生的耳朵。目前醫生所用的橡皮管雙耳聽診器，就是由木質圓筒逐漸改良而成的。

▌刺果黏出的靈感

　　再舉個實例。

　　1948 年的某一天，瑞士的發明家喬治·德梅斯特爾（George de Mestral）帶著獵狗上山去打獵。當他拚命追趕野兔時，無意中跑進茂密的野牛蒡之中。當他從草叢中走出來時，發現獵狗身上與他的呢毛褲上都黏滿牛蒡的刺果。

　　要是一般人，只要把刺果拍掉也就算了，可是德梅斯特爾觸類旁通，他非常好奇為何刺果會黏得那麼牢。於是，他用顯微鏡仔細觀察，結果發現刺果上無數的小鉤子鉤住狗毛與呢毛。

　　他突然靈機一動，假如用刺果當扣子的話，一定棒極了。據此，發明了「魔鬼黏」維爾克羅（Velcro），那是一種輕巧而不生鏽，簡便而可以刷洗的尼龍扣。它的用途廣泛，包括：嬰兒的尿布、血壓器的札帶、椅套、窗簾、錶帶、衣服以及太空人的特製鞋（使他們的鞋子能附在地板上）。

血液循環與田熊鍋爐

馳名世界的田熊鍋爐，也是日本人田熊常吉運用觸類旁通法開發出來的傑出產品。

田熊常吉是個木材商人，沒唸多少書，然而天生喜歡研究發明。他為了提高傳統鍋爐的效率，雖然絞盡腦汁，工作卻毫無進展。

有一天，他翻閱小學自然課本中的「血液循環圖」，驀然想到要觸類旁通一番。於是他用筆先畫一個鍋爐結構的模型圖，接著再畫一張大小相同的人體血液循環圖，然後將兩張圖重疊在一起，假設那就是他所要的新鍋爐。

田熊在回憶發明田熊鍋爐的經過時，有感而發地說：「當我潛心研究時，日夜苦思鍋爐的問題，甚至到了廢寢忘食的地步。因為無法突破，導致白天坐立難安，夜晚徹夜難眠。一直到有一天，我突然想通了，鍋爐是活的東西，而我以前一直往加熱的方向去鑽，當然毫無所成。於是我把活生生的血液循環圖運用在鍋爐結構上，終獲突破。」

他很快就發現，動脈相當於降水管，靜脈相當於水管群，毛細管相當於水包，心臟則相當於氣包，而瓣膜相當於集水器。田熊運用觸類旁通法，將血液循環的原理運用在鍋爐結構的互相關係上，結果發明了一種提高一成熱效的新鍋爐，不僅榮獲日本天皇頒給「恩賜獎」，而且為企業帶來龐大的利潤。

● 方法十一

多面向思考法

所謂多面向思考法，顧名思義，就是面對某一問題時，從許多不同的角度去思考以激發創意的一種方法。

▎拋開思路的重重束縛

先來一個有趣的智力測驗：請你用六根牙籤排成四個等邊三角形。大多數人在排了半天之後，不是說「六根牙籤只能排成兩個等邊三角形」，就是說「這個問題無解」。

為什麼大多數的人想不出答案呢？因為他們的思路受到平面的束縛，所以六根牙籤只能排出兩個等邊三角形。如果能從多面向去思考，拋開平面的限制，然後從立體的角度去思考，把六根牙籤搭成一個三角錐形，那麼四個等邊三角形即能輕易排出。（參考附圖二）

・六根牙籤如何排成四個等邊三角形？
・從立體的角度去思考，把六根牙籤搭成一個三角錐形。

· 六根牙籤如何排成四個等邊三角形？

· 從立體的角度去思考，把六根牙籤搭成一個三角錐形。

附圖二

　　這個有趣的智力測驗給我們很好的啟示：當我們面對問題時，若從一個或兩個角度去思考得不到答案，不妨試著從許多不同的角度思考，答案很可能從中浮現出來。

▌ 一舉數得

舉一個實例來說明。

十一世紀初，北宋真宗即位期間，皇宮汴京失火，供奉玉皇大帝的昭應宮付諸一炬。真宗下令最能幹的大臣丁謂負責重建的工作，並限定十年之內須完工。

丁謂接下這個艱鉅的任務之後，仔細推算一番，包括：清理被燒毀的廢墟、取土燒製成磚、運送其他的建築材料，再加上設計與施工，大約需要二十五年才能完成，如今皇上限定在十年之內完工，完成不了可要殺頭，怎麼辦呢？

丁謂從各種不同的角度去思考，終於讓他想出一個良策：他把皇宮前的大街挖成河，利用挖出的泥土燒成磚，節省了從遠地取土製磚的時間；他再將皇宮附近的汴水引入新開的河，於是載運建材的大船可直達宮前，節省了運輸時間；新宮築成後，再用廢墟上的破磚碎瓦填平所開的河，不但節省清除的時間，而且使大街迅速恢復舊觀。結果，原本須二十五年的工程，只花七年就完工了。

這是運用多面向思考解決難題的實例。

●　方法十二

列舉法

　　列舉法也是一種運用聯想來思考的方法。由於它聯想思考的過程，是先列舉出產品的屬性或類別之後，再加以改變或組合，所以稱之為列舉法。

　　列舉法可區分為屬性列舉法與類別列舉法兩種。

▍屬性列舉法

　　在開發新產品或改良舊產品時，經常使用屬性列舉法。它的方法很簡單，只要把舊產品的屬性一一列在表上，然後逐一思考改變的方向即可。

　　就拿電話機為實例來說明，步驟如下：

　　→1. 首先列舉出電話機的屬性，包括顏色、鈴聲、形狀、材料、撥號盤、聽筒等。

　　→2. 然後就每一項目，逐一思考改變的方向。

・顏色：傳統的黑色可改變成什麼顏色？紅色？藍色？黃色？白色？還是多種顏色？甚至，可不可以是透明的？

・鈴聲：傳統的電話鈴聲可改變成什麼聲音？鳥叫聲？狗叫聲？還是來一段交響樂？

- 形狀：傳統的形狀可改變成什麼形狀？圓柱形？長方形？三角形？還是可改變為各種可愛小動物？
- 材料：傳統的塑膠可改變成什麼材料？木材？玻璃？陶瓷？還是其他金屬？
- 撥號盤：傳統用撥的號盤可改變成什麼方式？用按的（那是按鍵式電話創意之鑰）？不用拿在耳邊即可通話？

▍類別列舉法

在開發新產品時，最常使用類別列舉法。它的方法也很簡單，先把要開發新產品的類別產品一一列舉出來，然後從個別產品的組合得到靈感。

舉例來說，假設要開發文具用品的新產品，步驟如下：

→1. 把與文具用品有關的產品統統列舉出來，如：尺、美工刀、膠水、膠帶、剪刀、釘書機、釘書針、迴紋針、大頭針、原子筆、修正液、橡皮擦、鉛筆、鉛筆盒、鋼筆、螢光筆、拆信刀、毛筆、水彩筆、卷尺、信紙、信封、筆記簿、資料夾、蠟筆、畫圖紙、包裝紙、圓規、日記、生日卡、賀年卡、結婚卡、母親卡、地圖、萬用手冊、墨汁……。

→2. 然後把其中兩種或多種組合起來，從中得到靈感。

　　一位年僅二十四歲的日本小姐玉村浩美，曾經運用類別列舉法，創造出 1985 年全日本最暢銷的產品──「迷你文具組合」。

　　她在文具用品中選擇尺、美工刀、膠水、膠帶、剪刀、卷尺、釘書機這七種產品，把它們組合起來，裝在一個大小就像大型菸盒的盒子裡（長 12 公分、寬 8.5 公分、高 3.5 公分）。

　　因為要在小小的空間內擺進七種文具，當然要把那七種文具縮小，尺只有十公分長，美工刀、膠帶與釘書機只有原來的三分之一，膠水很像眼藥水瓶，而剪刀與卷尺也只有原來的一半。

　　「迷你文具組合」推出後，一年之內賣出三百萬套，一共賺了五十四億日圓。

● 方法十三

水平思考法

　　水平思考法是由英國劍橋大學狄波諾博士（Edward de Bono）於 1968 年提倡的一種嶄新思考方法。

　　水平思考（Lateral Thinking）是相對於垂直思考（Vertical Thinking）而言的。所謂垂直思考，是一種合乎邏輯，前後有因果關係的傳統思考方法。它在同一個洞一步一步循序往下深挖；而水平思考，它既不合邏輯，前後也沒有因果關係，採取跳躍式的思考，當他挖洞遭到石頭阻礙時，立刻放棄，然後在旁邊另挖一個新洞，它甚至可以從果去思考因的問題。

　　舉一個實例來說明。

　　美國有一家百貨公司，開幕之後生意出乎意料的好。原先裝置的兩部電梯根本不夠用，顧客經常為了在狹窄入口處等候電梯而焦躁不安，怨聲載道。

　　公司為了解決此一難題，召集幹部會議，請大家提出意見，有人建議另裝一部電梯（須破壞原有之建築，不可行），有人建議增加電梯的速度（電梯的速度已經夠快了，不可能加速），這些方案都求之於垂直思考，討論很久仍想不出解決之道。

　　後來有一名職員運用水平思考，放棄從電梯處思考，建議在一樓電梯附近的牆壁都裝上大鏡子，公司採納此項建議，結果四周的鏡子不但使顧客感覺狹窄的入口處寬敞多了，而且許多顧客利用等候電梯的時刻整肅儀容。顧客的焦躁感因為幾面大鏡子，竟然輕易地消失了（你當然可以有別的解決方案）。

減肥妙方

　　再舉一個例子。

　　減肥，一直是現代人的熱門話題。若從合乎邏輯的垂直思考去想，胖子要減肥只有八字訣：增加運動，減少食量。根據專家統計得知，一個人只要食量不變，每天快走（最簡便的運動）一小時，每個月可減一點五公斤的體重，一年下來，可減少十六公斤。還有，控制飲食，不再大吃大喝，盡量減少食量，當然也可減肥。然而運動需要恆心，節食需要挨餓，這對一般人來說，都不易做到。因此，眾多實行減肥的人，成功者總是寥寥無幾。

　　1971 年，美國有位名叫羅勃・愛金斯（Robert C. Atkins）的胖醫生，運用水平思考發現一種既不用運動也不必挨餓的減肥法，轟動全美國。

　　愛金斯發現，胖子要減肥，不用吃減肥藥，也不必理會卡路里，只須從食物中完全刪除全部的碳水化合物（米飯、麵包、糕餅、糖果、冰淇淋、蘋果、香蕉、橘子、葡萄、蜂

蜜等），他自己用這套方法，在六個星期內減少了二十八磅。

一天還是一年？

還有一個有趣的例子。

有一名剛出道的年輕畫家去拜訪一位成名的老畫家。後輩向前輩請教說：「我百思不得其解，為什麼畫一幅畫只需一天的時間，而賣掉它卻要花上一整年呢？」

老畫家答道：「年輕人，你想很迅速賣掉你的畫嗎？不妨因果顛倒，花一年的時間畫一幅畫，而賣畫僅用一天的時間。」

一席話使年輕人開悟，他後來也成為名畫家。

老畫家的建議，就是從果去思考因的水平思考。

● 方法十四

重新下定義法

　　所謂重新下定義法，是指針對原本難解的問題，或是改變其題目，或是針對不同角度加以詮釋，重新給老問題下新定義之後，找出解決方案的一種方法。

▍隔離媽媽或隔離孩子

　　先舉一個有趣的實例。

　　有一個勤快的媽媽想安靜地織一件毛衣，可是身旁剛學會走路的兒子，調皮地把毛線扯得亂七八糟。媽媽生氣地把孩子放在嬰兒床內，以為如此一來就可天下太平，沒想到兒子在嬰兒床內大叫大鬧。

　　媽媽想盡一切的方法，仍舊無法讓兒子安靜地待在嬰兒車裡，她苦惱極了。

　　後來，媽媽靈機一動，對自己的難題重新下定義，她心想：「何必一味地鑽牛角尖，想辦法把兒子安靜地擺在嬰兒床內呢！」於是，她馬上改變問題，將「兒子安靜地放在嬰兒床內」改變為「設法把兒子與毛線隔離」。

　　想通這一點之後，媽媽立刻把兒子移到嬰兒床外，讓他留在床外玩耍，而把自己關進嬰兒床內（嬰兒床面積足夠容

納一個大人）。

這麼一來，問題解決了。母子各得其所，兒子玩得很痛快，母親也能安靜地織毛衣（同時還可用餘光注意到兒子的動態）。

▌捕捉老鼠與除掉老鼠

再舉一個實例來說明。

多年前，我租屋居住在吳興街的一棟老舊的公寓裡。該公寓依山傍水，景觀優美，不僅陽光充足，空氣清新，而且社區乾淨，四周安靜。唯一美中不足的，因為房齡已達二十載，所以常遭受老鼠的騷擾。

第一次發現小老鼠在客廳牆角急竄而過，我絲毫不在意，還笑著對老婆說：「這隻錢鼠一定是給我們家帶財來的。」

等到發現有好幾隻老鼠在天花板上開運動會之後，我才警覺事態嚴重，趕緊到五金行買一個傳統型鐵絲製成的捕鼠器，希望能將這一窩老鼠一網打盡。

當天晚上，請老婆炸了一塊香噴噴的排骨，掛在捕鼠器的鈎上當餌。事情的發展憂喜參半，喜的是當晚就捕捉到一隻老鼠，憂的是其他的老鼠再也不靠近捕捉器。

我聽從友人的建議，把捕鼠器泡水、火燒、上色，甚至用紙板覆蓋在四周（改變其形狀），然而老鼠不上鈎，一切

的努力皆無效。老鼠愈來愈猖獗，流竄到我的臥房裡，有一晚甚至趁我熟睡時咬我的腳指頭。

　　情況逐漸惡化，我知道假如不捉住這些老鼠，臥室很快就會變成老鼠窩。於是我立刻想到用「重新下定義」來解決問題，原來的老鼠問題是「如何用捕鼠器捉住幾隻老鼠」，如今我改變題目，新的定義變成「如何除掉那幾隻老鼠」。

　　重新下定義之後，豁然開朗，思路跳出捕鼠器的框框，想出許多可能的解決之道。最後我使用無色無臭的毒藥水滲在香排骨之中，老鼠吃了之後一一爬到亮光之處喝水斃命（此種藥水吃了之後會口渴，而且渴望見光），擾人的鼠患終於一舉掃除。

▎趕走貓與讓貓不來

　　還有一個實例。

　　事情同樣發生在那棟老公寓裡。鼠患之後半年，發生了貓患。

　　有一天，突然從後陽台傳來一股惡臭，薰得人欲嘔吐。我趕緊前去查看，原來是一隻黑色大貓盤踞在後陽台的角落，在那裡大小便。

　　我連忙用掃把趕走牠，並用肥皂水把角落沖刷乾淨，直到惡臭消失為止。我以為問題解決了，不料第二天牠又來了，照樣又大小便，奇臭難聞。我馬上又趕走牠，再度刷

洗。第三天，牠又來了……。

　　如此周而復始，連續一星期，搞得我煩躁不已。突然我靈光一閃，想到用「重新下定義」來解決問題，原來的老問題是「如何把黑貓從後陽台趕走」，如今我改變題目，新的定義變成「如何使黑貓不待在後陽台」。

　　重新下定義之後，我根本不再用掃把趕牠（這樣牠還會再來，問題沒解決），只在後陽台牠棲身之處灑下二十粒正露丸（一種止瀉的藥丸，味道很重），從那之後，黑貓就不再出現了。原來動物都會用糞便來宣示自己的領域，味道強烈的正露丸讓黑貓以為有一種比牠更凶猛的動物盤踞該領域，故不敢再來。

● 格式十五

化缺點為特點法

顧名思義，所謂化缺點為特點法，並非設法把缺點減到最低的限度，而是充分利用此一缺點，化腐朽為神奇，順利解決問題的一種方法。

台灣目前的影視圈內，除了俊男之外，醜男也能走紅，他們常說的「我很醜可是我很溫柔」，就是化缺點為特點。

斑痕蘋果

美國的斑痕蘋果，是化缺點為特點的典型例子。

詹姆斯・楊（James Young）是位在美國新墨西哥州山上種植蘋果的果農。他每年都用郵購的方式，把一箱箱的蘋果寄給各地的顧客。因為他對自己蘋果的品質很有信心，所以大膽採取不滿意包退的銷售方式。換言之，假如顧客對所收到的蘋果不滿意，可以退貨並立刻退錢。

多年來，他的生意一直很好。不料有一年冬天，新墨西哥山上下了一場罕見的大冰雹，蘋果由於受到冰雹的襲擊，個個出現斑痕。面對整園受損的蘋果，詹姆斯悲痛欲絕。

詹姆斯內心盤算著：「怎麼辦呢？到底要冒被顧客退貨的危險，還是乾脆退還所有的訂金呢？」

他越想越懊惱，愈想愈傷心，於是順手摘下一個蘋果狠狠地咬一口。這時，他突然發現受損的蘋果雖然外表難看，卻比平時更香、更甜、更脆。他自言自語道：「多可惜啊！好吃卻不好看，有何補救之道呢？」

詹姆斯搜索枯腸，苦思數日，終於想出妙點子。他照樣把受損的蘋果裝箱寄給顧客，不過在箱裡都附了一張紙條，上面寫著：「這次寄上的蘋果，表皮雖然有些斑痕，請勿擔心，那是高山冰雹襲擊所留下的痕跡。只有寒冷的高山才能生產出香脆可口的蘋果，這些斑痕證明了它們生長在寒冷的高山上，非但不影響其品質，反而有一種獨特的風味。」

顧客收到貨之後，不但沒人退貨，還有人要追加。

這位化缺點為特點來解決困難的果農，後來轉向廣告業，成為揚名全美的廣告大師。

▍監獄旅社

美國企業家葛樂西也是「化缺點為特點」的高手。

美國羅德島新港市的監獄，蓋於 1723 年，因年久失修不堪使用而荒廢多年，新港市政府一直撥不出經費處理這座監獄，幾任市長都很頭痛，不知如何是好。

1990 年，企業家葛樂西運用「化缺點為特點」的概念，以三十萬美元向市政府買下監獄之後，又花了四十五萬美元整修完畢，再以「監獄旅社」（Jail House Inn）對外公

開營業。

　　葛樂西化監獄為旅社。這家監獄旅社每天收費八十五美元，具備有下列的特點：

　　→1. 每個房間都陰森森、冷冰冰的，既無電視，也沒有收音機。

　　→2. 住進旅社的旅客，都必須換穿有橫條的囚衣。

　　→3. 三餐採自助方式，所有餐具都是監獄專用的鋁製品。

　　→4. 旅社的管理員打扮成獄卒，二十四小時在門外看守。不到住宿期滿，不得提前退房離去。

　　因為監獄的牆壁有四十五公分厚，隔音特佳，許多想體驗牢獄生活的新婚夫妻還趨之若鶩呢！

● 方法十六

潛意識思考法

所謂潛意識思考法，就是利用人類的潛意識思考來孕育構想、解決問題的一種方法。

利用潛意識的思考來解決問題，最著名的例子，莫過於發生在西元前第三世紀希臘國王的純金皇冠故事。

▌阿基米得的答案

希臘國王命令金匠製造一項純金皇冠。皇冠做好之後，由於國王懷疑金匠在皇冠中摻了銀，因此要求物理學家阿基米得（Archimedes）設法查出真相。

阿基米得為了皇冠的問題，絞盡腦汁，百思不得其解。有一天，他去公共澡堂洗澡，當他脫光衣服泡入浴缸中時，滿滿的浴缸內的水自然溢了一些出來。就在那一瞬間，他找到解決皇冠是否摻銀的答案。

原來要測定皇冠是否摻銀，只要把皇冠丟入滿滿的盆水中，再測量皇冠所排出的水，是否與等量黃金所排出的水一樣多，即可知道。若排出的水一樣多，就表示純金；若不一樣多，就表示摻了銀。

阿基米得欣喜萬分，一時得意忘形，竟裸體跑出澡堂，

一邊跑回家，一邊叫道：「我找到了！我找到了！」

靈光乍現時

請注意，阿基米得的答案絕非僥倖得來，他若是沒經過絞盡腦汁、苦心思索的階段，就絕不可能在看到浴缸的水溢出之時，悟出道理來。換言之，必須先苦心研究之後，潛意識才會發揮它神奇的力量，最後在休憩、散步或洗澡時，突然靈光乍現，找出問題的答案。

大家都知道瓦特（James Watt）發明了蒸汽機，可是很少人知道瓦特在發明蒸氣機之前，曾苦心研究毫無所成，一直到了兩年後的一個下午，在散步時才突然悟出答案。

美國人麥考密克（Cyrus McCormick）努力研製自動割草機，苦思多年而不解，有一天在理髮廳理髮時，看到理髮師用推子剪髮的動作，立刻想到解答。

筆者研究王永慶三十年，雖然陸續寫了幾本有關王永慶的書籍，但總覺得沒能領悟其全盤的經營理念，一直到了2010 年 1 月參加了長庚大學管理學院舉辦的「台塑管理實務講座」之後，立刻頓悟，終於完成集大成作品：《王永慶經營理念研究》。

所有從事有關創造力工作的人，一定都有「我知道了！」或「我找到了！」的經驗。請回憶一下，在你知道或找到之前，是否都經歷一段搜索枯腸的階段呢！那是你運用

潛意識幫你尋找答案必須的前奏曲。

▎水面下的冰山

　　人類的心理分為意識與潛意識。意識就像浮在水面的冰山，雖可觀察、理解，但僅代表整個心理的一小部分罷了。潛意識好比水面下的冰山，雖不可觀察、理解，但支撐著水面上的冰山，不但是心理的一大部分，而且持續不斷地思考問題並解決問題。

　　領導者常用的直覺式思考，就是結合了意識與潛意識的思考能力。潛意識可孕育出構想，是人類一項寶貴的資源，然而常被一般人忽視了，只有傑出的藝術家、企劃人、發明家不僅相信它的存在，而且經常利用潛意識來創造、發明。

　　此外，潛意識所找到的答案，有時是一個完整的構想，有時卻是不完整或不正確的概念。對於不完整與不正確的概念，企劃人必須根據知識與經驗加以琢磨與修飾，才能變成可用的點子。

● 方法十七

腦力激盪法

所謂腦力激盪法（Brainstorming），就是在會議中運用集思廣益的方法，以蒐集眾人構想的一種思考活動。由於在會議時，刺激每一個人動腦，對問題做創造性思考，促使激盪澎湃，有如暴風雨來襲，故稱之為「腦力激盪」。

▌奧斯朋三階段

腦力激盪法是奧斯朋（Alex F. Osborn）在 1938 年提出的，其進行分為下列三階段。

選定項目

題目的範圍愈狹小，愈簡單具體，愈適合。

會議主持人必須在開會前四十八小時，把題目清楚地告訴參與者，好讓他們有充裕的準備時間。參加人數不宜太多，以十至十二人為最恰當。

主持人在會議中擔任統籌、指導角色，他必須塑造一個既輕鬆又競爭的氣氛，好使人人發言踴躍，使構想如泉湧般噴出來。他必須制止會中任何批評，並使參與者都能充分發言，他是腦力激盪成功與否的關鍵人物。

　　與會者應利用會前的四十八小時，運用前述角色扮演法、相似類推法、逆思考法、化繁為簡法、改變觀念法、聯想法、焦點法、觸類旁通法、多面向思考法、列舉法、水平思考法、化缺點為特點法等先進行個人腦力激盪，再把想出的構想帶到會議上進行集體腦力激盪。

腦力激盪

　　這個階段的時間，不要少於三十分鐘，也不要超過四十五分鐘。在集體腦力激盪的時刻，必須堅守下列四個原則：

（一）拒絕任何批評

　　若在同一時間進行創造與批評，就像在一個水龍頭裡同時放出熱水與冷水，那麼最後得到的，既不是「熱水」般的創意，也不是「冷水」般的批評，而是不熱不冷的溫水。拒絕批評是暫時不批評，請把批評放在第三階段（篩選評估時）。

（二）歡迎自由運轉

　　自由運轉（Free-Wheeling）的目的在鼓勵稀奇古怪的構想。奇特的構想容易激發創造的氣氛，使思考過程不致中斷，而且常能轉化成實際有用的構想。

（三）構想愈多愈好

任何構想都可以接受。先求量，再求質，因為想得到一個好構想的最佳方法，就是必須先有很多的構想。在腦力激盪會議中，你的構想能引燃別人的新構想，而別人的構想又能引燃第三人的新構想，就像點燃了一長串的爆竹般，霹靂叭啦，響個不停。

（四）鼓勵構想的改進與合併

鼓勵在別人的構想上衍生新的構想。這不是批評，因為有時把兩個或三個構想合併起來，會變成一個更好的構想。

腦力激盪會議隔兩三天後可再舉行一次，好讓眾人的潛意識發揮功效（請參閱本章〈方法十六〉：潛意識思考法）。

篩選與評估

在獲得許多構想後，必須從中選擇一至二個可行的構想。此時應先把荒謬的構想先剔除，再把類似的構想合併，以便評估出最佳的方案（此時就非常歡迎批評了）。

有關構想的篩選與評估，請參閱後面介紹的卡片分類法與評估構想法。

▌暴露在刺激中

　　腦力激盪法是一種讓自己暴露在各種刺激之中的觀念遊戲，常能激盪出大量的構想。美國財政部曾以「如何減少曠工人員」為題舉辦腦力激盪會議，結果於三十分鐘內，獲得八十九個構想。台灣企劃人協會曾以「如何使小偷失業？」為題，舉辦腦力激盪會議，結果在三十分鐘內，產生八十個構想。

　　腦力激盪除了能獲得大量的構想，對參與者也有好處，參加者可深刻體會出創造力的威力，進而養成創造性思考的習慣，對企劃人而言，確實大有裨益。

● 方法十八

迂迴法

　　所謂迂迴法，就是不與問題正面對決，而採取曲折迴旋的手段，從旁繞道來解決問題的一種思考方法。

▌迂迴曲折反收奇效

　　不知道你是否玩過一種名叫「鴛鴦扣」的巧環，相傳鴛鴦扣是古時候有錢人家用來招親的「考環」，假如應試者無法解出此扣，立刻遭到淘汰。

　　鴛鴦扣很像古時候的手銬（參見附圖三），主要由兩個 U 形環和一個小圓環所組成。玩法很簡單：要設法將中央較小的圓環與兩個串連的 U 形環分開。由於小圓環的直徑比兩邊 U 形環的直徑小，因此不論你怎麼拉都取不出來。

　　看似無解的難題，只要運用迂迴法，把兩端的 U 形環旋轉一下（曲折迴旋，繞道而行），中間的小圓環自然而然就跑出來了。

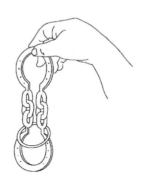

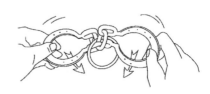

①小圓環的直徑比 U 形環小，用蠻力無法拉出。

④將兩 U 形環向下移使之重疊。

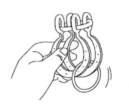

②將小圓環移到 U 形環連結處。

⑤小圓環會掉落至兩重疊 U 形環的中央。

③將兩 U 形環反方向分別一扭。⑥小圓環便可輕易取出。

附圖三

→1. 小圓環的直徑比 U 形環小，用蠻力無法拉出。

→2. 將小圓環移至 U 形環連接處。

→3. 將兩 U 形環反方向分別一扭。

→4. 將二 U 形環向下移使之重疊。

→5. 小圓環會掉落至兩重疊 U 形環的中央。

→6. 小圓環便可輕易取出。

這個有趣的遊戲告訴我們：從正面找不到答案時，不妨迂迴一下，繞個道，轉個彎，就有柳暗花明之效。

高登思考法

美國人威廉・高登所發明的高登思考法，就是典型的迂迴法。高登思考法與奧斯本（Alex Osborn）首創的腦力激盪法（Brainstorming），都是激發創意的好方法，不過在進行時，前者研討的題目只有會議主持人一個人知道，而後者的會議主持人會把研討題目清楚地告訴每一個參與者。

舉例來說，假設為了興建汽車停車場彼此激發創意。若採用腦力激盪法，那麼會議主持人必須在開會前四十八小時，把題目清楚地告訴大家，好讓他們有充裕的準備時間。若採用高登法，那麼只有會議主持人知道題目，而他會告訴與會者一個籠統而抽象的命題：一個有關貯藏方面的創意。

如此一來，參與者的想法就不會侷限於汽車停車場，而

能海闊天空從各種不同的方向思考。

- 鈔票,存在銀行裡。
- 水,貯在水桶、浴缸、水塔、水庫裡。
- 衣服,一件一件重疊擺在衣櫃裡。
- 拖鞋,一雙雙豎起來掛著。
- 豬肝,用鹽漬、曬乾,再用繩子吊起來。
- 酒,裝瓶後,一一貯藏在地下。

等到意見蒐集得差不多時,主持人再公布題目,並將意見與題目互相對照。這時,有些意見使人啼笑皆非,可是有些意見會變成創意。以上述為例,水既能貯存在屋頂的水塔,那麼停車場也能建在屋頂上嗎?還有酒既能貯藏在地下,那麼停車場能建在馬路或學校運動場的下面嗎?這些都是運用迂迴法所產生的創意。

● 方法十九

卡片分類法

　　前面介紹了十八種激發創意與蒐集構想的思考方法，以下兩節要介紹篩選與評估構想的方法。因為當你得到大量的構想，若不加以篩選的話，勢必無法評估出最好的構想。

　　由於這個篩選方法是把全部構想寫在卡片上，然後分類選出最佳的構想，因此稱之為卡片分類法。進行的步驟如下：

　　→1. 先製作出如一包菸大小的卡片，數量從一百至數百個不等，依你蒐集到構想的多寡而定。

　　→2. 把從腦力激盪獲得的構想一一寫在卡片上，每一張卡片上寫一個構想。

　　→3. 進行篩選工作，把荒謬絕倫與不可能實行的構想先抽出來，剔除掉。

　　→4. 進行分類工作，把意義相近的構想分別集合起來，成為一疊疊的卡片（假設有十疊）。

　　→5. 運用歸納的概念，針對每一疊卡片進行綜合整理，於是十疊卡片就變成十個構想了。

　　→6. 從這個構想中找出一個可行的方案，做為最後的選擇（此一步驟請參閱第二章〈步驟六〉）。

● 方法二十

評估構想法

───────────────────────────────

　　顧名思義，評估構想法就是一種篩選與評估構想的方法。這個方法是由日本高橋浩教授所發明，因為他利用 Original（原創的）、Common（一般的）、Useful（有用的）三種類別來評估，所以又稱之為 OCU 法（取每一英文字的第一個字母）。

　　進行的步驟如下：

　　→1. 與卡片分類法一樣，先製作出一百至數百個數量不等的卡片（大小如一包香菸大小），依你蒐集到構想的多寡而定。

　　→2. 與卡片分類法一樣，把蒐集到的所有構想一一寫在卡片上，每一張卡片上寫一個構想。

　　→3. 從那一堆卡片中，任意抽出三十張。根據多次進行的經驗得出結論，三十張是一個最恰當的數目。

　　→4. 站在解決問題所需步驟的角度，把性質相近的構想集合起來（請注意，與卡片分類法不同）。變成一疊疊的卡片。並把它們歸納整理成七疊（根據經驗，七疊最容易處理）。還在每一疊中抽出最具代表性的卡片，放在最上面。

→5. 先前抽出三十張之後，所剩下的卡片，應逐一閱讀後，各別列進已分妥的七疊中。

→6. 把每一疊卡片，從左至右，依橫的方向排成一行，並在最左端放一張色卡（顏色不拘，只要能與原來卡片區別即可），將這一疊的綜合構想寫在色卡上（參見附圖四）。

→7. 每一疊（組）卡片都排好之後，再用 O（原創的）、C（一般的）、U（有用的）三種類別來評估，重新改變卡片的先後順序（參見附圖五）。

→8. 運用組合的概念，把 O 卡片轉變為 U 卡片。

→9. 運用組合的概念，把 C 卡片轉變為 U 卡片。

→10. 對每一行的卡片，做最後的思考──「同一件事，用別的方法行得通嗎？」若發現好方法，把此新構想寫在卡片上，歸入性質相近的那一組。

→11. 把自己最喜歡的那組構想放在最上面一行，而後依喜歡程度，從上到下依次排下去，並在每一組構想的 U 卡片中，挑出最有用者，擺在色卡旁邊，其他卡片依有用的程序，從左至右依次排下去。

→12. 最上面一行，最靠近色卡的那一張卡片，就是你要找的王牌，也就是經過篩選與評估之後，你所得到的最佳構想。

當然，激發創意的方法不只本章所述的二十種，當你從上述二十種方法增強了功力之後，我確信你將創造出其他激發創意良方。

色卡

附圖四

O 卡片　　　　　U 卡片　　　　C 卡片

附圖五

企劃高手的
五個腦袋

一般人只有一個腦袋，而企劃高手卻有五個腦袋，分別是：
左腦與右腦、腦皮質與腦髓質、做夢、幻想、夢想，許多打
動人心的企劃案，都是從這五個腦袋想出來的。

● 腦袋一

左腦與右腦

　　儘管每一個人的脖子上都長了一個腦袋，然而大部分的人對它所知極為有限。

　　人類在三周歲之前，腦的發育非常迅速，大約七歲時就接近成人的腦重。此後即緩慢增長，到二十歲達到最高點，而後每天有十萬個腦細胞會死亡。請勿擔心腦細胞的死亡，假設壽命為八十歲，從二十至八十歲死亡的腦細胞計二十一億九千萬，不過占一百六十五億腦細胞中的13％罷了。

▌左右腦各司其職

　　一九六〇年代，科學家羅傑·史伯里（Roger Sperry）率領一組研究人員把大腦的兩半球分開，證實大腦的左右半球各司不同的功能。左腦主掌語言、寫作、演算、邏輯等功能，偏向人類的理性面與分析面；而右腦主掌圖像、音樂、直覺、靈感等功能，偏向人類的感性面與創造面。

　　就企劃力而言，蒐集資料、解決問題等是屬於左腦的功能；而自由想像、激發創意等則屬於右腦的功能。左腦與右腦是企劃高手的第一個腦袋。

　　目前台灣是個重視左腦、忽視右腦的時代，這完全是當

今的教育制度造成的。

　　由於升學主義掛帥，每一個人從小學、國中、高中，一直到大學、留學，都要歷經無數次的考試，這些考試的科目（包括國、英、數、理、史、地等）全都在測驗學生的語言、寫作、演算、邏輯等能力，正是左腦主掌的能力，所以我說台灣目前是個重視左腦的時代。學校裡其他的課程：音樂、美術、書法、體育等，因為升學不考這些科目，所以完全受到忽視，而這些能力正是右腦主掌的，因此我又說台灣是個忽視右腦的時代。

　　重視左腦、忽視右腦的結果，會把孩子教育成只知讀書卻欠缺解決難題能力的書呆子。這也就是「學校的第一名，往往不是社會的第一名」的原因所在。

　　雖然我們忽視右腦，可是右腦並沒有拋棄我們，它有意無意經常在幫我們解決問題。

- 為了防竊，你把金飾藏在隱密之處。過了一段時間，你要用它，卻始終記不起放在何處。黃昏散步或晚間洗澡時，突然想起來了，這是右腦幫你想出來的。
- 有一天在馬路上碰到一個面熟的人，卻始終記不起此人是誰？過幾天突然想起來了，這也是右腦幫你的忙。

刺激右腦

　　為了增強我們的企劃力，有兩個好方法，一是刺激右

腦，一是讓左右腦均衡思考。先說前者。

由於右腦專司圖像、音樂、運動等的反應，所以多接觸繪畫、雕刻等藝術品，多到戶外欣賞大自然山川的美景，多收聽古典名曲、梵唱等優美的音樂，多參加登山、健行、慢跑等活動，就能刺激我們的右腦。

再則，因為大腦的神經纖維在脊髓中發生交叉，所以左腦控制身體的右半部，右腦控制身體的左半部。一個人假如左腦受傷，會導致身體右半邊癱瘓；反之，假如右腦受傷，則會導致身體左半邊癱瘓。

由於右腦控制一個人的左眼、左身、左手、左腳等，因此要刺激右腦，就必須多多使用左眼、左耳、左手、左腳等。可是平常我們兩眼、兩耳、雙腳的使用率均等，唯獨右手的使用率大於左手（左撇子例外），因此我們每天若能撥出一點時間讓左手寫幾個字，也能刺激右腦。

▋ 左右腦均衡思考

根據美國加州大學羅伯·奧斯坦教授（Robert Ornstein）的研究發現，當左右腦均衡思考時，大腦功能將達一般思考的五至十倍；這時，也最容易出現創意。

按常理視之，科學的東西最需要邏輯推理，因此科學家應當左腦比較發達，然而許多傑出的科學家左右腦並用，他們不但在科學上表現優異，而且拉一手極佳的小提琴（或其

他樂器，或在藝術方面有極高的鑑賞力）。他們兼具科學家和藝術家雙重身分，左右腦都十分發達。

著名的科學家愛因斯坦（Albert Einstein）就是一個好例子。他熱愛科學和音樂，左右腦並用，成就驚人。他曾說：「我所有的發現，都是以某些符號和圖像出現，而非文字。」換言之，他先用右腦產生靈感，得到某些符號和圖像，再用左腦推理和演算的功能寫出方程式。那麼，要如何讓左右腦均衡思考呢？最簡單的方法，就是改變閱讀習慣。

目前台灣的學生，在書房作功課或準備考試時，許多人有邊聽音樂邊看書的習慣，家長們看到之後，總會責怪孩子讀書不專心，其實邊聽音樂邊看書，就左右腦均衡思考的角度觀之，非但無害，反而有益。

因為右腦有極深的音樂感，當音樂出現之後，右腦很自然會受吸引，這時左腦就能專心致力於數理、語言、史地等課業上。不過要注意的是，播放的音樂必須是古典音樂、輕音樂或梵唱等，假如播放的是有歌詞的歌曲、演講錄音帶或新聞報導，那麼非但不能吸引住右腦，而且對左腦會造成干擾，有害無益。

針對左腦與右腦，蘋果創辦人史帝夫・賈伯斯說過一句意味深長的話：「別聽顧客的，他們根本不知道自己要什麼。市場調查不過是我的右腦在跟我的左腦說話。」

⬤ 腦袋二

腦皮質與腦髓質

　　人類的腦袋就像是一部最複雜、最奇妙的機器，它不但有左腦與右腦之分，而且有腦皮質和腦髓質之別。腦皮質與腦髓質是企劃高手的第二個腦袋。

　　有人把人腦比喻成一座冰山，浮出海面的就是腦皮質，又稱為意識腦或新腦，掌控人類的思考和智力等意識活動；位於海面下的就是腦髓質，又稱為潛意識腦或舊腦，掌握人類的血壓、體溫、心跳、消化、呼吸等非意識的活動。

▍意識活動影響非意識功能

　　在1970年之前，大多數的科學家認為腦皮質與腦髓質各自獨立，互不影響。如今，愈來愈多的科學家相信腦皮質能夠控制腦髓質；換言之，意識的活動能夠影響潛意識的功能，這些功能包括：身體的健康、運動的表現以及生死的問題。

　　許多學生在面臨考試時，血壓上升，心跳加速，體溫改變，並發生腹瀉（或便祕）、嘔吐、頭痛、痙攣等異常現象，等到考試過後，這些現象自然就消失了。

　　著名的網球好手金恩夫人（Billie Jean King），運用腦皮

質控制腦髓質，產生旺盛的企圖心與超強的意志力，贏得多次溫布頓女子網球賽冠軍。她的對手一致認為，金恩夫人的體能不一定勝過她們，然而一旦金恩夫人用意志力去控制體能時，除非對手的意志力比她更強，否則不可能贏她。

美國哈佛大學畢奇爾博士（Dr. Henry K. Beecher）的研究指出：非洲有一部落嚴禁吃野雞，違規者將受惡魔的詛咒。該部落有一年輕人受騙吃了一隻野雞，事後，因為他毫不知情，所以並無任何異狀；過幾年，突然有人告訴他實情，他竟在二十四小時之內心跳停止，無疾而終。

畢奇爾博士還發現一個實例。一位頗具聲望的巫師拿根骨頭指著一個身強體壯的族人，那人隨即病得奄奄一息。經醫師檢查之後，證實那人生命垂危。醫師找到巫師，要求他解除「魔法」，否則將停止供應糧食。巫師惟恐斷糧，只好告訴病人他並沒用骨頭指他。幾小時之後，垂危的病人竟無藥而癒。

▌運用自我暗示達成目標

上述的實例在在說明腦皮質控制著腦髓質。因此，若要使腦皮質對腦髓質有正面的影響，在面對困境或難題時，必須不斷地把積極的想法灌輸腦海之中。準備考試時，不僅設想自己及格而已，必須設想自己考高分；生病求醫時，不僅設想自己痊癒而已，必須設想自己病後更健康；做事時，不

僅設想自己不會失敗，必須設想自己非常成功。如此一來，腦皮質將會影響腦髓質，以達成自己希望的結果。

對企劃高手而言，他必須先界定問題或認清目標，然後不斷地運用自我暗示，設想自己已經解決問題或達成目標，這時腦皮質將影響腦髓質，協助你達成心中的目標。

●腦袋三

夢中找答案

人腦，白天清醒時會思考，晚上休息時會做夢。做夢是企劃高手的第三個腦袋。

各學派的專家對夢的本質看法不同，有人認為夢是日常生活的反映，有人認為夢是希望的活動，有人認為夢是預測未來之源，甚至有人認為夢是一種覺醒的狀態，上述種種說法，至今仍無定論。

各個種族對夢的解釋也大異其趣，印第安人堅信夢境的一切必會實現；愛斯基摩人則相信，做夢時他們的靈魂出竅到另一個虛幻世界中；而馬來西亞原始叢林中的森諾伊族，把解夢當做日常生活裡的一件大事，用來促進溝通，增進友誼。

教導孩子做創造性的夢

森諾伊人白天相遇的首要之事，就是彼此說出昨晚夢見之事。假如某甲在夢中攻擊了某乙，到白天，某甲會主動向某乙道歉並請求原諒；若某甲被某乙欺負，也會告訴某乙，當然某乙也會向某甲致歉。他們還會教導孩子去做積極性與創造性的夢。舉例來說，如果孩子夢到遭老虎追趕，長輩就

會建議他在下一個夢中要勇敢地轉身攻擊，因為面對夢中的險境，他們認為必須去克服而不可逃避。如果孩子夢見掉落懸崖，就會要他在下一個夢中輕鬆地展臂飛翔，並鼓勵孩子降落在一個好玩之處，以便次日早上向大家述說快樂的旅程。

　　森諾伊族此種解夢的傳統，塑造一個既無精神病患也無暴力的和諧部落。

　　在比較文明的國度裡，大家總以為做夢影響睡眠，有害無益。近年來的實驗發現，做夢是睡眠的一部分，故意阻擾受試者做夢，結果產生緊張、焦慮、暴躁等異常現象，當允許受試者繼續做夢，上述的現象就消失了。

▍小夢大有用

　　夢境是一個自由自在、不受約束、不合邏輯的虛幻世界。在這個世界裡，腦袋能夠毫無羈絆地自由馳騁，因此許多科學家和藝術家都運用做夢完成偉大的創造和發明，或利用夢來協助解決問題，譬如：

・德國化學家馮凱康勒（Friedrich Von Kekule）長期思考某化學方程式不得其解，後來在睡覺時夢見一條蛇咬著自己尾巴圍成一個環形，從中得到靈感，提出苯分子的環狀結構。

- 日本物理學家湯川秀樹，在理論核子物理研究中，於打瞌睡時突然想通，發現中子論，榮獲1949年諾貝爾物理獎。
- 2002在台灣銷出三十萬冊的企管暢銷書《從A到A+》，此書名就是當時出版該書中文譯本的遠流出版公司總編輯吳程遠於睡夢中想出來的。該書英文名為Good to Great，大陸直譯為《從好到最好》，銷路平平。
- 美國發明家愛迪生深知做夢的價值，當他為某一難題困住時，就往實驗室的長沙發一躺，小寐片刻，夢醒之後自然就想出解決之道。

　　要利用做夢培養自己的企劃力，別忘了在床邊備妥紙筆或錄音機，當夢中想到好點子，醒來之後立刻記下或錄下來。好點子稍縱即逝，你若不立刻記下來，可能以後永遠都想不起來了。

● 腦袋四

好好運用幻想

　　人類的腦袋真奇妙，除了會思考與做夢之外，還會幻想。這是企劃高手的第四個腦袋。

　　幻想就是做白日夢，是一種虛而不實的思想。以前的心理學家把幻想視為壞習慣或病態。他們認為，幻想會影響學生的課業成績，降低成人的工作效率，他們甚至提出警告，幻想就是在逃避現實和推卸責任，一再幻想終將與社會脫節而嚴重影響應付問題的能力。

　　然而，目前的心理學家修正了上述的看法，他們從臨床和實驗中發現，幻想不但是一種完全正常的現象，而且能轉變枯燥的環境，使生活過得多采多姿。請試一試下面的幻想：

▋ 天馬行空解脫束縛

・仙丹問世，人類不再有疾病與死亡。
・飛行鞋出現。

　　人類如果不再有疾病和死亡，那麼全世界的醫師與藥師就要失業，接下來棺材店也要關門，人們不再為生離死別而傷心，可是很快就會面臨人口過剩的難題；交通太擁擠、房

屋不夠住、糧食不夠吃、犯罪率節節升高……。

　　如果有某一企業發明一種穿了就能到處飛行的鞋子，首先，這家公司必定大發利市，產品供不應求。接下來，全球各大都市都會有許多穿飛行鞋來來往往，地面交通擁擠的現象將大為改善。不久，航空、汽車、摩托車等行業都受到嚴重打擊，天空中出現警察在指揮交通……。

▌實現幻想就是發明

　　以上只是筆者幻想的兩種情況。讀者可以自己幻想其他的情況之後，再讓想像力奔馳。譬如：一夕之間變成一位市長、戴一副能透視別人心意的眼鏡、人類不再需要睡眠等等。

　　我們仔細觀察和分析之後將發現，許多現代人的發明都來自古代人的幻想。

・目前的望遠鏡、雷達探測、無線電隔洋通話、飛機空中飛行、火箭登陸月球，全部來自古人千里眼、順風耳、悟空騰雲駕霧、嫦娥奔月、龍宮探寶等之幻想。

・目前用聲音來操縱機器人，或用聲音來控制開關的高科技發明，不也來自「阿里巴巴與四十大盜」童話中的「芝麻開門」那不可思議的幻想嗎？

・美國的萊特兄弟，在1903年發明螺旋槳飛機並試飛成

功。其實在萊特兄弟發明飛機大約四百年前，義大利藝術家與科學家達文西（Leonardo da Vinci）曾設計一種人力飛機，並繪製了擬鳥飛行器圖。儘管達文西的設計並沒有成功，然而萊特兄弟的發明，其實是來自達文西的幻想（他幻想人可以在天空飛行）。

許多偉大的科學家、音樂家、運動家深知幻想的好處，都懂得好好運用幻想，請看下面的實例：

- 愛因斯坦經常幻想，假如一個人以光速飛入太空，可能會發生何種情況？從此一概念深入研究，他終於發表了「相對論」的某些理論。
- 牛頓（Isaac Newton）經常運用幻想解決研究上的諸多難題。
- 音樂家布拉姆斯（Johannes Brahms）運用幻想不斷激發出創作上的靈感。
- 高爾夫球名將尼克勞斯（Jack Nicholas），每次比賽之前都會用幻想來得到他所謂的「勝利的感覺」。他說：「有這種感覺之後，我只要揮桿，自然界就會把球帶到它應當降落之處。」

幻想，乃是無中生有，憑空想像。透過幻想，不但能打破人們習慣性的思考，而且人們的想像力將從既有的法律、

規章、傳統等束縛中解脫，能夠海闊天空地自由馳騁。企劃高手明白這個道理之後，就會多利用散步、泡澡或在公車上沉思時，讓幻想自由自在地馳騁一番，讓好點子出其不意蹦出來。

● 腦袋五

去實現夢想

夢想是企劃高手的第五個腦袋。

童年最喜愛編織美夢,請回憶一下,小時候,您是否也做過下列的夢想呢?

- 夢想自己中了愛國獎券,成為千萬富翁。
- 夢想自己成為泰山或白雪公主。
- 夢想自己成為熠熠紅星。
- 夢想自己完成一本小說,暢銷全世界一百萬冊。……

大多數人在孩童或年輕時都有一些夢想,然而都被工作和生活的重擔消磨殆盡,只有幸運的少數人能以無比的勇氣和毅力去尋夢,而後逐步達成自己的夢想。

▌非凡成就來自非凡夢想

夢想是理想的狀態,也是活力的泉源,它能激發我們的想像與潛能,指引我們勇於做自己喜愛的事,最後達成非凡的成就。換言之,一個平凡的人必須有不平凡的夢想,才可能有非凡的成就。請看看下面的兩個實例。

　　美國人捷安尼（A. G. Giannini）十四歲就因家境貧窮，輟學四處謀職。後來他在銀行找到工作，當時他雖然職位卑微，卻夢想將來成為銀行家，創辦一家大銀行，為全國的「小人物」服務。憑藉此一個信念，他開創汽車和電氣用品的貸款，並在臨終前創辦美國銀行（Bank of America），實現了非凡的夢想。

　　日本人佐藤忠勇從小就夢想成為電影評論家。然而在日本，電影評論家都由名作家和名學者來擔任，佐藤既沒名氣也沒正式學位，因此想當電影評論家，無異緣木求魚。佐藤並不失望，他研究發現，大評論家多半是從投稿崛起的，於是不停地投稿，即使一再遭退稿，也不氣餒。經過一段時間的努力，實力終於受到肯定，成為頂尖的電影評論家，實現了非凡的夢想。

▌實現夢想四步驟

　　其實，多數人只是夢想，只有少數人化夢想為真實。實現夢想，不需要奇蹟，只需要行動和努力，請參考下面的四個步驟：

（一）決心改變自己

　　多數人安於現狀，抗拒改變。為了追逐夢想，必須突破內心的藩籬，誠實地面對自己，決心改變自己的生活，並勇

於從事自己喜愛的工作。

（二）列舉各種夢想

拿出紙與筆，列舉出一、二十項令你心跳的夢想。夢想不分大小，無拘形式，可以是實際的（金錢、事業、名位等），也可以是抽象的（追求美感、正義、真理等），只要能點燃心中的火。

（三）找個見證人

不論是配偶或親友，只要是關心你的人，都是恰當的見證人。有了見證人，夢想不再是空想，它變成一個能夠達成的目標。

（四）立刻行動

在上述列舉的夢想中，挑選一個可行的夢想，即刻動手去做。從行動之中，自然而然會產生智慧、信心及力量。

筆者於1988年夢想瞭解股價漲跌的道理，二十四年來孜孜矻矻，不但於2012年悟透股價漲跌的道理，並提出「位置理論」的創見；並在2023年完成《抄底學講義》。

另外，筆者因父親經商失敗，於35歲立志研究王永慶，歷經30年，終於參透其博大精深的經營理念，並完成《王永慶經營理念研究》一書。

企劃高手的
十項生活特色

企劃高手為了醞釀好點子，他們的平常生活異於常人，打破習慣、觀察敏銳、日日閱讀、拾回童心、喜愛旅行、事事好奇、隨手筆記、蒐集資料、四處討論、自我鬆弛等是他們生活的十大特色。

● 特色一

打破習慣

　　美國一項研究調查指出，兒童的創造力在五至七歲時下降39％；到四十歲，創造力只有五歲時的2％。

　　為什麼年齡愈大，創造力愈低呢？主要原因就是大部分人都已經變成「習慣」的奴隸了。長期的制式教育與固定的工作經驗，使我們劃地自限，圍在一個框框內思考。

　　先來一個智力測驗。附圖六上方有九個點，請用一筆劃通過那九個點，直線可以交叉，但限定四條長線，大多數的人都無法用四條直線通過九個點，而會用五條直線完成，就像下方兩種情形。

　　如果你被框在那九個點之內的話，將永遠找不出答案。其實這個測驗並不難，你只要把直線延伸到九個點之外，立刻就有解答了（參看附圖七）。

　　這個測驗給我們很好的啟示：測驗題目並沒有限制我們在九個點的範圍內找答案，是我們劃地自限。這些習慣上的限制，嚴重阻礙我們運用想像力去解決問題；只要跳出習慣的框框，一切就迎刃而解了。

附圖六

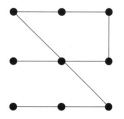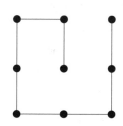

附圖七

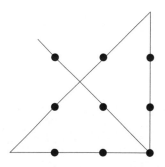

▌ 習慣亦是限制

從小到大，師長諄諄教導，要求我們養成種種好習慣，諸如：整齊清潔，早睡早起，定食定量，飯前洗手、飯後漱口等等，不錯，等我們長大成人都養成了這些好習慣，然而不知不覺之中也成為習慣的奴隸。

請檢視一下我們每天的生活狀況：

- 每天早上六點起床，使用固定品牌的牙膏刷牙，數十年如一日。
- 早餐，固定兩碗稀飯，一個煎蛋，若干醬菜。
- 聽完固定電視台的晨間氣象報告後才出門。
- 每天總是穿西裝打領帶。
- 中餐，和熟同事在固定的餐廳用餐。
- 飯後一根菸，幾十年就抽同一個牌子。
- 上下班，永遠搭同一路公車，走同一條路線。
- 晚上十點準時上床睡覺。

你一定會質問，如此規律的生活有什麼不好呢？如果你是一般人，當然很好；但如果你是企劃人，那就不好了。因為上述種種習慣上的限制，令你永遠活在固定的框框裡，使你的腦袋僵化，再也無法運用靈活的想像力去解決問題。

從日常生活打破習慣

習慣是一種積久養成、做慣了的行為，一旦養成，就如人的本性，非常不易更改。然而習慣是創意最大的障礙，因此企劃高手會針對自己的習慣不斷地批判與反省，並主動從食衣住行等日常生活裡打破習慣。

- 不同品牌牙膏更換使用，若習慣用右手刷牙，偶而試試左手。
- 早餐除了稀飯醬菜、燒餅油條，嚐嚐牛油土司。
- 偶爾試試特殊味道的食物，譬如：榴蓮、麻辣火鍋等等。
- 除了西裝，偶而穿夾克、牛仔裝。
- 穿西裝打領帶，在樣式與顏色力求變化。
- 按季節更換客廳家具擺放的位置。
- 每年牆壁重新粉刷，並選用不同顏色。
- 上下班，除了搭公車，有時騎自行車，有時走路。
- 上下班，偶爾更換不同路線，搭不同路線的公車。
- 嚐嚐不同品牌的香菸。

別忽視「打破習慣」的威力，它正是孕育企劃力的泉源。企劃高手之所以能夠運用「角色扮演法」、「逆思考法」、「改變觀點法」（請參閱第四章激發創意的二十個方

法）來培養企劃力，就是因為跨出「習慣」的窠臼。

　　哲學家詹姆斯（William James）說：「其實，天才只是以非習慣的方式去理解事物的能力罷了！」由此可知「打破習慣」的重要。

● 特色二

觀察敏銳

　　觀察敏銳是企劃高手的另一項生活特色。先來一個有趣的測驗。在附圖八中，請問你看到什麼？少女，老嫗，或是兩者都看到了？這是最簡單的觀察力測驗。

附圖八

附圖九

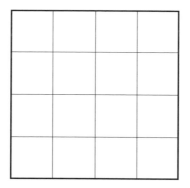

再來一個測驗。請問在附圖九中,你能看到幾個正方格?這個問題難一點,慢慢來,從最小到最大,一共分為四類正方格,第一類十六個,第二類九個,第三類四個,第四類一個,一共是三十個。你若能在三分鐘內看出來,你的觀察力算不錯了。

如果你的觀察特別敏銳的話,你將在附圖九中看到六十個正方格,理由是每一個方格,你都看到了兩個(把線條放大後,裡是一個正方格,外又是一個正方格),三十乘以二,就是六十個了。

發明家之所以成為發明家,就是因為他們看到別人沒有看到的東西。

1950年冬天的某一天,愛伯森(Frank Epperson)不經心把裝在容器中的蘇打水放在屋外走廊上,容器中還擺了一

根湯匙。晚上氣溫驟降，蘇打水結成冰，這就是第一根冰棒的由來。

別人看到結凍於容器中的蘇打水，都覺得很新奇，而愛伯森除了感到新奇之外，還看到一個有廣大市場的新產品，於是他拿去申請專利，獲得冰棒的專利權。

企業家之所以成為企業家，也是因為他們能「見景生意」，能夠從市場的變化中嗅出商機。

1964年，史爾華（Spencer Silver）參加３Ｍ公司的「聚合黏膠研究計畫」，目的在研究出黏度超強的黏膠，結果他適得其反，研究出一種黏度超弱的黏膠。

沒有人知道這種超弱的黏膠有什麼用途。到1974年，史爾華的同事亞瑟·佛萊（Arthur Fry）看出它的用途。他用此種黏膠做出自黏性便條紙「便利貼」（Post-it），變成一項非常暢銷的產品。

船王歐納西斯的觀察力極為敏銳。他看人一眼，不但能看出那個人的性格與才智，而且能猜出那人的黨籍與銀行存款。

還有，走過任何一條街道，他能清楚地說出街上第一家到最後一家的店舖類別；剛剛從他身旁走過的人，每一個人的職業與身分，他也都能一一辨認出來。

要訓練出敏銳的觀察力，沒有捷徑，只有靠自己平時多練習。

有一種訓練觀察力的方式：先訂下一個題目（假設是

「觀察工廠裡的浪費」），然後讓參加者在廠區內走動兩小時。回來之後，把觀察到所有的情況詳細記錄後，並一一提出來，彼此互相討論。

此種訓練方式，不但可提高觀察力，亦可改善公司的管理，值得一試。此外，訓練的題目可不斷變更，如「觀察消費者好惡」（地點改在大百貨公司）、「觀察競爭品牌的促銷手法」等等。

● 特色三

日日閱讀

　　企劃人獲得創意最常見的方法就是「組合」（參閱《企劃學》第二章步驟五），其實，大部分的好點子，都是由平凡的事物或觀念組合而成的。史帝夫・賈伯斯（Steve Jobs）曾說：「所謂創造力就是把許多東西連結在一起而已。」

　　「組合」需要大量的素材，愈多愈好。而獲得素材最便捷最經濟的方法，就是天天閱讀，博覽群書。

　　書要讀得多，讀得好，必須掌握下面三要領。

一、要有恆

　　讀書，絕非百米賽跑，而是一場馬拉松賽。

　　美國一位心理學家說：「一個人的命運，決定於晚上八點到十點之間。」他的意思是說，如果每晚都能抽出兩小時，有恆地讀書，必有非凡的成就。許多人大學畢業後就不讀書了。這種情形非常危險，因為學如逆水行舟，不進則退。特別處在這個知識爆炸、資訊氾濫的時代裡，如果不讀書的話，很快就會落伍，遭淘汰。有一位企業家曾說：

　　學士畢業後，要保持學士的水準，每天必須讀一小時的

書；碩士畢業後，要保持碩士的水準，每天必須讀二小時的書；博士畢業後，要保持博士的水準，每天必須讀三小時的書。

我覺得他的話很有道理。讀書講求恆心與毅力，而非速度與衝刺。你只要按部就班，每週讀一本好書的話，一年下來就累積五十二本了。別嫌太少，許多大學畢業生四年下來，也不過讀五十幾本書罷了。

▋二、要讀好書

那麼，要去看什麼書呢？我把書依其內容與閱讀之難易，區分為下面四大類：

- 言之有物又好讀（指深入淺出，流暢易讀）。
- 言之有物而難讀（指文詞艱深難懂）。
- 言之無物但好看（就像許多電視連續劇）。
- 言之無物又難看（就像一些翻譯得狗屁不通的教科書）。

企劃高手懂得避開三、四類的壞書，去讀一、二類的好書。尋找第一類書最簡便的方法，就是去請教一些經常讀書的人，請他們開一張書單給你。至於第二類的書，大都是一些經典之作，讀這些書，一方面需要專家的指導，另一方面自己必須添購若干工具書（例如專業的辭書、百科全書）。

另外，對於好書我常用下面三個簡單的篩選方法：

- **「言之有物」**是一本書最重要的條件。不論它是提供新知或是啟發思想，必須引起你的感動。這個「感動」包括：震撼、會心微笑、感慨、沉思等等。
- **「序」**是另一個重要的檢視標準。根據我自己寫作的經驗，「序」最難寫，它說明這本書的由來、架構、精華以及作者的企圖等等。任何一本書，如果連「序」都寫不好，還會有什麼看頭呢！
- **再看「架構」**。一本書通常在表達作者某一完整的概念，只有完整的架構才能表達完整的概念。要檢視「架構」，請看看章節與目錄。

三、要利用片段的時間

現代人不讀書最好的藉口就是──「忙」。

目前工商業社會，各行各業競爭激烈，「忙碌」變成很平常的現象。可是在忙碌之中，你每天一定有許多片段的空閒時間。把那些片片段段的五分鐘、十分鐘累積起來，你就會有相當可觀的讀書時間了。切記！片段的時間足以完成偉大的事業。

對一個都市的上班族而言，不論開車或搭公車上下班，每天大致都得忍受一小時塞車之苦。這一小時的塞車時間，

正是你用耳朵讀書的好時刻，買一卷有聲書，幾天內不知不覺就讀完了。至於順暢迅速的捷運，由於相對平穩，更是看書的良機。

　　閱讀除了可獲得大量的組合素材之外，也可培養出豐富想像力，而豐富的想像力正是企劃人最重要的人格特質（參閱《企劃學》第四章方法二）。

　　卡通大師華特・迪士尼（Walt Disney）曾經建議那些想像力枯竭的人，多讀《讀者文摘》（Readers' Digest）。他說：「《讀者文摘》是訓練想像力的理想場所。」

　　大文豪蕭伯納（Bernard Shaw）更絕，他主張在閱讀一本書之前，先憑個人的想像力，就書名試擬出該書的大綱（即章節、架構）。他認為這是激發想像力的良策之一。

● 特色四

拾回童心

拾回童心是企劃高手的第四項生活特色。

請先看看下面三個小故事。

- 假如我用一支粉筆在黑板上畫一個白點，請問你會看到什麼呢？在我所主講的企管課程之中，我曾經用這個問題問過好幾十個成年學員，他們異口同聲答道：「一個白點。」然而，我把同一問題問幼稚園的小朋友，他們爭相發言，有的說：「那是一個白色的鈕扣。」有的說：「那是一顆珍珠。」有的說：「那是一朵小花。」甚至有個小孩說：「那是一頂被壓扁的白帽子。」

- 在幼稚班裡，老師教學生畫水牛。有一個小朋友竟然畫了一頭只有兩隻腳的水牛。老師看到之後，譏笑他怎麼畫出這麼一頭怪牛，小朋友不以為然，很正經地將那幅畫翻過來給老師看。原來另外兩條腿畫在背面上。老師大吃一驚，一時傻了眼（好在他沒糾正小朋友不能這樣畫）。

- 有一個人，他兒子心愛的小烏龜掉進院子內狹窄的坑洞中，為了替兒子救烏龜，他不但用長勺下去撈，也

用鐵線紮了一個明環下去套,忙了一個鐘頭,都徒勞無功,只好放棄。五歲的兒子回家之後,只花三分鐘就把烏龜救上來。小孩用水把坑洞灌滿,烏龜很快就浮上來了。

童心能激發我們的想像力。孩童是天生的幻想家,喜愛胡思亂想。就像前面所述,一個黑板上的白點,學前孩童會把它看成鈕扣、珍珠、小花、甚至是一頂被壓扁的白帽子,他們小腦袋中那麼多千奇百怪的想法,完全來自想像力。

想像力是人類特殊的本能,每一個人在孩童時,原來都具備豐富的想像力,後來在社會種種規章與制度的限制之下,隨著年齡的增長逐漸被扼殺了。成年之後,要恢復以往豐富的想像力,就得先拾回童心。

如何拾回童心呢?下面介紹兩個方法:

多和孩童玩耍

孩童最喜愛玩耍,他們不但從不挑剔,有什麼就玩什麼,而且能拋開一切,專心一致地玩。此外,玩耍既是手段也是目的,他們還能隨時變更玩耍的內容,以求得最大的樂趣。你只要能放下大人的身段,和孩童玩在一塊兒,非但能分享其中的歡樂,也能從中得到許多想像的空間。

科學家愛因斯坦討厭社交,可是很喜歡和小孩玩耍。

　　有一段期間，隔壁的太太發現，自己的小女兒常去拜訪愛因斯坦，因為怕小女兒打擾大科學家的研究工作，所以特地登門致歉。

　　不料，愛因斯坦說：「我們相處極為融洽，我非常歡迎她來玩。」原來，愛因斯坦崇尚童心，他經由與小孩的玩耍，激發自己更大的想像空間，從中捕捉靈感。

▌多問孩童的看法

　　孩童眼中的世界與大人是完全不同的。舉例來說，當你和孩童躺在草地上，問他天空飄來飄去的朵朵浮雲像什麼時，他可能答道：「這一朵像剛出爐的大麵包，那一朵像一隻恐龍，另外那兩朵像連在一起的大象，最遠的那一朵很像無敵鐵金剛。」

　　當你藉著問答進入孩童的心靈世界時，你那沉睡的想像力，在孩童答話的刺激之下，將逐漸甦醒過來。

　　許多偉大的發明家終身崇尚童心，大發明家愛迪生就是一個好例子。1914年，也就是愛迪生六十七歲的那年冬天，他那位於新澤西州的工廠突然發生大火，全部財產頓時化為灰燼。

　　親友恐怕愛迪生一大把年紀，經不起如此嚴重的打擊，都十分擔心。沒想到愛迪生童心未泯，竟然一面欣賞火災，一面對兒子說：「快去把你媽找來，這麼壯觀的大火，百年

難得一見。」

　　次日，愛迪生對員工說：「大火已經把以前的錯誤全部燒光了。感謝上帝，從今天起我們重新開始。」

　　他用童心克服了致命的挫折，重新站立起來。

● 特色五

喜愛旅行

　　旅行可以擴展視野，增廣見聞，也是獲取大量組合素材與激發想像力的好方法，因此是企劃高手喜愛的活動之一。由於在旅行途中，所遭遇的有趣人物、優美的景色以及特殊的事物會深刻地留在我們的記憶之中，這些都是非常有用的組合素材。

　　前述特色三，日日閱讀可吸收各種新鮮的素材，那是企劃高手最需要的養分。可是，不論閱讀書的量有多大，總歸還是間接的經驗，不如直接的經驗來得深刻而鮮明。旅行就是典型的直接經驗，把旅途中的所見所聞，逐步醞釀成日後激發出創意的材料。

　　就拿變化最迅速的服飾業來說，他們經常到世界各地旅行，有人甚至專到蠻荒地去探訪一些少數民族。他們觀察這些民族的生活與文化，蒐集他們的衣物與飾物；把這些服飾與現代服飾組合起來，經常創造出新款式與新流行。

▌ 作家的成功祕訣

　　美國名廣播評論員、名作家、名記者羅威爾·托馬斯（Lowell Thomas），可能是全世界最懂得運用旅行來激發想

像力的人。他曾在紐約報導成人教育家戴爾·卡耐基（Dale Carnegie）成功的經過；也曾深入阿拉伯沙漠，報導英國軍官勞倫斯（T. E. Lawrence，即阿拉伯的勞倫斯）的傳奇；還曾偕其子赴西藏禁區旅遊。一生共著有五十本書。

　　托馬斯透過廣播、書籍、報紙、電視，向廣大的聽眾、讀者、觀眾報導，專家公認他擁有的閱聽受眾為歷史上第一人。托馬斯成功的祕訣就在：四處旅行，激發想像力，發表感人的報導。《應用想像力》（Applied Imagination）一書作者奧斯朋說：「旅行為充實吾人想像力之一種經驗。」羅威爾的行徑，正好給這句話做了最佳的見證。

▌玩具發明家的構想

　　著名的玩具發明家路易·馬克斯酷愛旅行。他最轟動的發明——迴力圈與呼拉圈——都是在旅行途中，受外在環境的刺激所產生的構想。

　　迴力圈是一種小孩與大人都愛玩的木製玩具，兩頭是圓板，中間有軸連起來，把線綁在軸上，線的另一端掛在手上，使迴力圈忽上忽下的滾動。這是路易到菲律賓旅行時，看見原住民拿著一個圓球，上面綁一條繩，上上下下玩個不停給他的構想。

　　大家熟知的呼拉圈，則是路易到澳洲旅行時，看到原住民用竹子編成圓圈，套在腰上，興高采烈轉個不停，由此產

生的構想。

▍ 自助旅行，樂趣無窮

　　旅行的方式可區分為隨團旅行與自助旅行。一般人或因擔心語言不通，或害怕發生意外，或心理上不願離開熟人，所以都選擇隨團旅行。此種旅行的方式，一切跟隨導遊行動，雖然事事方便，可是所到之處皆蜻蜓點水，僅接觸表面而不夠深入，因此對激發想像力的助益較小。若採取自助旅行，食衣住行樣樣自己來，在凡事由自己動腦與動手的過程中，最能激發我們的想像力，並增添旅遊樂趣。多年前，筆者曾與友人到日本自助旅行。兩人都不懂日語，短短一星期內，不論問路、購物，或是搭車、用餐，糗事百出，趣味橫生，友人雖曾隨團旅行日本十餘次，還是認為那次自助旅行最愉快，至今念念不忘，每次碰面仍津津樂道。

　　我們深入去思考一下，為什麼企劃人、創意人、設計人特愛旅行，當你從一個熟悉的環境到另一個陌生的環境時，你將接觸到迥異的人種、文化、價值觀、生活習慣等。深入瞭解之後，你將發現：不同的人種，有不同的風俗習慣；不同的文化背景，對相同的問題會有不同的解決方法。當你學到從不同的角度看問題時，觀察力必定超過常人，一般人看不到的，你會看得到。換言之，你將擁有比常人更深入的創意與看法。

● 特色六

事事好奇

事事好奇是企劃高手的第六項生活特色。

好奇心是人類的天性，每一個正常人在孩童時期都有強烈的好奇心，然而隨著年齡的增長，許多人的好奇心就逐漸減少，到最後甚至完全消失。

▎探求真相的原動力

舉例來說，不久前我在市場裡面看見一個醉漢，他手持酒瓶，坐在市場的樓梯口，嘴裡喃喃自語，他身邊圍了一群充滿好奇的小孩。大人看見醉漢，見怪不怪，認為沒什麼好看；小孩看見醉漢，認為好看極了，每個人張大雙眼，注意醉漢的每一個動作，當醉漢低吼兩聲，他們立刻退後兩步，有些畏懼，更多的是好奇，因此久久不願離去。

好奇心驅使人們針對某一特定事物進行長期的觀察和研究，一直到水落石出，真相大白，才告終止。在此一探索的過程中，不但能激發想像力，產生好構想，而且可能有偉大的發現或發明。

對電進行實驗，證明雷電是同一種東西，並發明避雷針的美國科學家班哲明·富蘭克林（Benjamin Franklin）就是

一個很好的實例。1723年，富蘭克林還是一名十七歲的印刷工人，有一天他搭船去紐約，在途中遇到一場大雷雨，恐怖閃電之後的一聲巨響，彷彿要把船震裂開來，船上的旅客都認為上帝發怒了，大家嚇成一團。

富蘭克林也被閃電和雷聲所驚駭，他隱約感受到天空中有一股神祕的力量，但他不相信那是上帝在發怒。究竟為什麼會閃電、打雷呢？在強烈好奇心驅使之下，他迷上了電學。經過三十年的研究，在四十七歲時，富蘭克林冒著生命危險，利用風箏做實驗，把暴風雨的電從空中引下來，證明閃電也是一種放電的現象。

█ 好奇心勝過天賦

不只是富蘭克林，許多著名的發明家和科學家，從小觀察自然界的種種現象，就極為好奇：

- 愛迪生小時候看見母雞孵蛋生出小雞，心中大感不解，於是自己充當母雞去孵蛋，以探其究竟。
- 牛頓從小對天空的一切充滿好奇。他經常望著天空的繁星遐想：為什麼星辰之間不會相撞呢？
- 達爾文（Charles Robert Darwin）小時候對昆蟲就很感興趣，只要發現一隻陌生的小蟲，就趴在地上，入迷地看一兩個小時。

　　既然好奇心如此重要，那麼要如何保持呢？其實也不難，首先拋開倚老賣老的自大心態，用一顆率直、謙遜的心，對任何人與事保持高度的興趣，只要有疑問，就以一連串的「為什麼」打破沙鍋問到底。

　　請牢記愛因斯坦的一句話，他說：「我沒有特別的天賦，我只有強烈的好奇心。」

● 特色七

隨手筆記

日本曾經調查了一百三十一名發明家，結果發現，他們獲得靈感（構想）的時機依次為：休憩中、散步中、剛睡醒和剛入睡時、洗澡時、開車中、盥洗時、如廁時。

不管你在什麼時間與地點得到靈感，請立刻隨手筆記下來。小說家史蒂文生（Robert Louis Balfur Stevenson）外出時，永遠攜帶兩本冊子：一本是他讀的書，另一本是筆記簿。

美國名作家與哲學家愛默生（Ralph Waldo Emerson）說：「靈感就像天空的小鳥，不知何時，牠會突然飛來停在樹上；你稍不留意，牠又飛走了。」

對待忽而出現、忽而消失的靈感，最妥當的處理就是，抓住它，筆記下來。任何成功的企劃高手，都會隨身攜帶筆與筆記本以備不時之需。

假如你是一個經常動腦思考的人，一定曾經發生過下列的現象。你突然在散步或開車時，想到一個點子，當時因缺紙與筆，沒記下來。結果回到辦公室後，怎麼想也記不起來。

突然冒出的靈感，的確稍縱即逝。美國有一律師為了掌握隨時可能出現的創意，隨身攜帶一疊明信片，上面都已填

妥自己的地址，不論何時何地，只要有好的構想或別人說的趣事，立刻寫在明信片上，投郵寄給自己。

　　榮獲諾貝爾物理獎的湯川秀樹，對怪異的事物不但充滿好奇，而且總會記在簿子上，然後追根究柢。

　　平時在閱讀時，亦應養成筆記或注解的習慣，這不但可訓練自己的創造力，而且對日後找尋組合的素材時，將方便不少。

　　名作家馬克·吐溫（Mark Twain）熟讀的每一本書內，都有他的閱讀注解，包括：讀後評論、感想、篇章的小引等等。有些一讀再讀的書，每讀一次，都有新的注解。

　　你只要仔細觀察演講會或會議時，有多少人在記筆記，即可知道一般人都無隨手筆記的習慣。不筆記，讓寶貴的構想白白消失，實在非常可惜。

　　充滿創意的企劃高手，總是隨身帶著筆記本，到不同場所仔細觀察各種人物與新奇事物，然後把所見所聞詳實記錄下來。

特色八

蒐集資料

在《企劃學》開宗明義中已經說明過，企劃就是有目標而且可能實現的創意，而創意就是好的構想。

那麼，好構想從何而來呢？它來自許許多多平凡的構想，甚至包括一些壞的構想。換言之，創意乃是從眾多的構想（包括壞構想）孕育出來的，必須先求量，再求質。

世界知名的珍珠大王御木本幸吉，一輩子想出有關珍珠的生產方法，大約有三萬件。其中申請專利成功的，大約有三千件。而三千件中，能付諸實施企業化經營者，不過十件而已。

御木本幸吉說：「剩餘的兩萬九千九百九十個構想，似乎變成毫無意義了。可是，如果沒有這些無意義的構想，也不能產生那十個可行的好構想。」

既然構想的量如此重要，那麼要如何得到大量的構想呢？除了運用「腦力激盪法」（參閱《企劃學》第四章）之外，平時就得蒐集資料。

要蒐集什麼資料呢？第一是與本業有關的資料，其次是與本業無關，卻是自己關心或有興趣的資料。

至於蒐集資料的方法，根據筆者二十幾年來的經驗，最簡便有效的方法就是：準備一把剪刀與若干資料夾，只要從

報紙（每天看五份報）或雜誌（一般性與專業性雜誌，每月約三十種）看到可能有用的資料，立刻剪下，分類丟入資料夾中。

此種剪報的工作必須持續下去，一、二年，甚至三、五年，可能看不出明顯的效果，時間長達十年之後，每一資料夾內所累積的資料，就相當可觀了。

這些寶貴的資料經過整理、歸納、分析之後，可能變成一本書，也可能變成某一企劃案的重要情報。

還有，蒐集資料的來源當然不只是報紙與雜誌而已，書籍、企業內部資源、政府之統計與登記資料、現成的調查報告等，都是重要的蒐集來源（此一部分請參閱《企劃學》第二章步驟二）。

● 特色九

四處討論

　　一般人思考出某一構想時，由於害怕構想被偷走或學走，通常都深藏心底，守口如瓶。

　　企劃高手的做法剛好相反，他們知道構想就好像玉一樣，愈觸摸愈光滑，愈雕琢愈成器。所以，對思考出來的構想，非但不保密，反而四處與人討論。

　　當你要把自己的構想告訴別人之前，必須先在腦海裡整理出一個清晰的概念，此一過程其實對原來的構想也做了若干的修改與過濾。

　　科學家愛因斯坦在思索「相對論」時，曾把他的構想用淺顯的方式告訴學生。他從反覆的解說之中，使腦筋更靈活、清楚，於是好的構想一再浮現。

　　與別人討論自己的構想，特別是與工作性質不同者討論之後，從別人所得到的啟發，會使自己就像多了一層工作經驗，或是多長了一對眼睛一般。

　　舉一個實例來說明。

　　一般鐵工廠在切割鐵片時，都是用車床來切割。而車床的鋼刀之硬度必須高於鐵，才能順利切開。

　　有一天，徒弟問師傅說：「如果要切割比鋼刀更硬的金屬的話，該怎麼辦呢？」

　　師傅答道：「照理說，應該使用硬度比鋼更硬的材料製成的刀才行。可是，目前這種超硬金屬仍無法製造，因此只好搖頭興嘆了。」

　　隔幾天，師傅與一位研究電子的友人談起徒弟的疑問。

　　電子專家說：「我不懂切割，不過我見過像鋼鐵般堅硬的東西，被雷擊之後，就破了一個大洞。」

　　師傅從友人的那句話得到啟示，最後研究成功，用電子的光與熱來切割金屬。

　　名心理學家馬斯洛（Abraham Maslow）說：「生手往往能看出被專家忽略的事情。」所以，一個企業家可以請教他的孩子有關生意上的問題，一個老師可以請教農夫有關教學上的意見。

　　當然，那些外行人所提供的意見，很可能不清楚或不可行。可是，那些意見很可能刺激你的思考方向，從中產生很好的構想。

　　企劃高手拿構想四處與人討論，得冒被偷或被學的風險。可是，想得到好構想，又想將它付諸實踐的話，那就是你必須冒的風險。

　　為了避免構想被偷，你可以挑選一些可靠的人討論。萬一預防無效，構想被偷了，對方不一定划得來，你不過喪失一個構想，而他就永遠失去一個有創意的朋友了。

●｜特色十｜

自我鬆弛

　　企劃高手每天都會放鬆自己，因為他們知道在緊張的情形下，不可能出現好構想。

　　通常，休憩、散步、睡醒、入睡、洗澡時，最易出現靈感，上述都是放鬆的時刻。為什麼人在放鬆時，容易出現好構想呢？主要因為放鬆時比緊張時更能做創造性思考。

　　可能你也有下列的經驗：

- 事先背得滾瓜爛熟的演講詞，一上台全忘光，一下台又記起來了。
- 在考場答不出的題目，剛走出考場，突然想出答案。
- 突然在路上遇見老朋友，卻忘記他的姓名，當場急得滿頭大汗。乾脆不去想，讓心情保持輕鬆，很可能老友的姓名不知不覺就冒出來了。
- 在街上看見一個很面熟的人，你知道自己一定認識他，卻又想不起來在什麼地方認識的，怎麼想都想不起來，後來乾脆不想了，三四天之後，卻突然想起是怎麼認識的。

　　上述四種情況明顯指出緊張的害處，與放鬆的好處。

作家、藝術家、科學家都深知這個道理，因此當他們耗盡精力之後，都會自我鬆弛，使自己得到充分的休息。同時，在鬆弛時刻，讓潛意識發揮作用，產生新的構想。

名作家愛默生每天一定抽空到溪邊安靜沉思。名記者羅威爾·托瑪斯每天固定靜坐沉潛一小時。

自我鬆弛的方法很多，諸如：健行、慢跑、游泳、外丹功、太極拳、寫毛筆字、瑜伽、打坐冥想、禱告等，都是很好的方法，可是必須持之以恆，才會見效。

CHAPTER

企劃高手預測未來的
七個方法

企劃高手既是觀察者、解讀者,也是參與者、溝通者,他們
善於運用本章闡述的七個方法預測未來,洞悉社會的脈動,
掌握其未來發展的趨勢。

直覺法

　　直覺即是心聲，又稱為第六感，有人解釋它是人類的一種本能感覺，一種天賦的智力，它能根據現成不足的資料，在關鍵時刻做出正確的預測。

　　人類的思考可分為理性思考與感性思考。直覺是感性的思考，它並非完全忽略理性思考，其實兩者是相輔相成的。先有邏輯、系統的理性思考，再用直覺評估，預測才會準確。

▌用直覺下決策

　　直覺預測未來的準確性相當高。根據日本氣象局的統計資料顯示，1904年尚未用電腦時，僅憑氣象預報員的直覺預測天候，準確率達76％。五十年之後，使用電腦（分析過濾大量資料）來預測天候，準確率達77～78％，相差不過1～2％。

　　通常成功企業的創辦人都有敏銳的直覺力，而且他們經常使用直覺下決策。美國的旅館業大亨希爾頓（Conrad Hilton）與日本的經營之神松下幸之助，就是兩個典型的例子。

　　希爾頓屢次用直覺四處標購旅館。有一次，他決定買下

芝加哥的一家舊旅館。業主公開招標，在投標截止前數日，他寫上十六萬五千美元的價碼。當晚，他輾轉反側，心中有一種強烈的直覺告訴他，這一標一定會失敗。根據這種奇妙的直覺，他立刻改投十八萬美元。結果他以最高價得標，次標為十七萬九千八百美元，僅差他二百美元。

　　松下幸之助憑直覺就知道何種產品會暢銷。他先後開發出「改良式附屬插頭」、「雙燈用插燈」、「砲彈型腳踏車車燈」等暢銷產品。1957年，當時日本黑白電視機的普及率只有5％，松下用直覺研判電視機將快速成長，立刻下令投資擴廠。1958年，實況轉播皇太子結婚典禮，黑白電視機呈現爆炸性成長。於1959年擴廠完成的松下電器，掌握先機，領先其他同業，奠定了日後成為家電王國的良好基礎。

▌直覺的基礎

　　神奇的直覺並非瞎猜，也不可能無緣無故憑空而來，它必須建立在下列三個基礎上：

（一）精於一業

　　任何人必須在某一行業下苦功長期鑽研（至少十年）之後，碰到問題時，直覺才能自然而然冒出來。

　　換言之，直覺來自豐富的經驗。

　　以出版為例。一位剛出道的編輯面對一本新書，很難預

估銷售量。但一位有一、二十年經驗的老編，看看書皮，翻翻內容，很快就能預測其銷量（*此預測與後來的實際銷量都很接近*）。

有人曾經請教全壘打王王貞治，為何能夠長年維持高的打擊率，王貞治答道：「我能夠看到球的縫線。」因為他長期苦練，累積豐富的經驗之後，才能在打球時看到球的縫線。王貞治用直覺打球締造了佳績。

日本棒球之神川上哲治曾解釋這種直覺。他說：「當球員傾全力打球，達到忘我的境界，他會忘記常識性的判斷，這時本能湧現，跟球結合成一體，能夠事先知道球的動向。」

（二）大量資料

從表面上觀察，直覺是根據有限資料做出正確的預測，其實在有限資料的背面，早已隱藏大量的資料，只是自己未察覺罷了。

如果希爾頓平時沒蒐集大量有關旅館業的資料，在緊要的關頭就不可能浮現強烈的直覺了。

松下幸之助的情況也一樣，如果不是他平時就蒐集有關黑白電視機的大量資料，就不可能在1957年產生電視即將快速成長的直覺。

（三）鬆弛情緒

面對問題，絞盡腦汁，搜索枯腸，百思仍不得其解之時，丟開問題，鬆弛一下緊繃的情緒，去散步、洗澡或休憩，讓潛意識發揮效用，這時神奇的直覺才會浮現出來。

汽車大王亨利·福特（Henry Ford）每次遭遇難題，苦思不得其解，就會暫時拋開問題，離開辦公室去和朋友們玩撲克牌。大約一小時後，牌局結束，他再去想那個難題，直覺出現，正確的答案立刻浮現腦際。

愛因斯坦（Albert Einstein）著名的相對論，是他在長期不眠不休的研究之後病倒，於醫院裡被綁在病床強迫他休息時，浮現腦中的。這也難怪他會說：「我相信直覺和靈感。」

切記！直覺是鬆弛之後的產物。

● 預測二

戴爾菲法

戴爾菲法是一種採用集體直覺來預測未來的方法，也是目前採用得最普遍的一種現代預測之法。

▌預測未來的代名詞

戴爾菲（Delphi）是一座位在古希臘中部的城市，宗教活動鼎盛，祠奉有阿波羅太陽神。該神廟建於公元前六世紀，希臘人有疑難常來此祭拜求得神的解惑。

久而久之，阿波羅成為掌管預言之神，而戴爾菲也變成常有神諭之地，以及預測未來的代名詞。

美國蘭德公司不但是美國著名的智囊機構，也是國際間公認從事預測研究的佼佼者。

二次世界大戰後不久，美國空軍委託蘭德公司預估，在一場戰爭中，究竟要多少顆用在毀滅廣島長崎的原子彈，才可以徹底摧毀美國。

蘭德公司的專家精心估計後，算出一百五十至四百顆原子彈，可使美國變成一片廢墟。美國空軍把估算的答案與預測的方法都藏在極機密的檔案中。幾年後，檔案銷密公諸於世，此項研究所採用的預測方式轟動全世界，未來學家稱此

預測方法為戴爾菲法。

▌六大步驟

此法是由蘭德公司的數學家奧拉福·海爾莫與諾曼·岱爾積所發明，步驟如下：

（一）確定預測的主題

預測的範圍相當廣泛，遍及政府、經濟、科技、社會問題等。

預測的主題不宜籠統、模糊，應該明確、清晰，前述「多少顆原子彈可徹底摧毀美國」即明確而清晰。

（二）製作問卷調查表

依據明確而清晰的主題，製作簡單扼要的問卷調查表。此調查表應對預測的目的及其有關之背景，提供詳細的說明。

（三）選擇恰當的調查對象

調查的對象必須是對預測的主題學有專精，並且有預測能力的專家。人數以十至十五人最適宜。

（四）寄出調查表

調查表一一寄給專家，請專家針對問題提出具體的答案（譬如：百分之幾的機率或若干時間等等），此外，亦請專家對預測的結果提出學理上的根據，以確保答覆的品質。

（五）整理回收的問卷，再度寄出

收回所有的問卷，經過整理與統計之後，再度把問卷寄還給專家，此時並附上第一次的預測統計結果。專家可參照首次預測結果修正自己原來的看法，亦可繼續堅持己見，不過必須說明堅持的理由。

（六）周而復始

依照前述的方法重複四、五次（次數不宜太多，否則調查的對象會不耐作答）之後，專家的看法會逐漸趨於一致，從中可得到預測的結果。

▌三大優點

近年來，戴爾菲法廣受美國、日本、歐洲等先進國家的預測研究機構普遍採用，因為它具備下列三項優點：

（一）準確性高

此種採行專家直覺、集體預測的方式，根據經驗顯示，

準確性相當高，所以已成為最普遍的預測方法。

（二）博採眾議

　　此法採用匿名信函調查，專家可以毫無顧忌地抒發己見，較易獲得木訥者的寶貴意見。可避免會議上僅採納少數喜發言者意見（或僅採納高階主管意見）之缺失。

（三）精益求精

　　從以往的統計可知，集體預測的準確性高於個別預測。此法先以專家的個別預測為基礎，而後專家可根據他人的預測來修正自己的看法（這是互相激盪的集體預測），因此能夠精益求精。

● 預測三

趨勢法

和直覺法與戴爾菲法一樣，趨勢法也是一種常用的預測方法。它是指在預測未來時，應先掌握從過去到現在的趨勢，並假設目前的趨勢會持續一段時間，然後研判出未來就在延長趨勢線上的一種方法。

▌三大要素

趨勢法包含下列三要素：

- 在預測未來時，它把過去、現在與未來三者緊密地結合起來思考。
- 有人說，看某人的過去，即可知其現在；再觀察某人的過去和現在，即可預知其未來。趨勢法的道理相同，此法根據過去與現在的發展趨勢去預測未來。
- 它採行連續性原理，在一段期間內，事物未來的發展仍舊遵循過去與現在的軌跡。

一個國家在預測人口或經濟成長時，經常採用趨勢法。舉例來說，假設某國過去五年的人口平均成長率為

5％，而今年的人口總數為二千一百萬人，我們假定5％的成長率將持續一段時間，那麼我們即可用簡單的算術預測出，五年後該國總人口數將達二千六百八十萬人。

　　一般企業在進行銷售預測時，也常用趨勢法。

　　舉例來說，假設某企業過去三年的營業平均成長率為20％，而今年的營業額為一千萬元，我們假設20％的成長率將繼續下去，即可預測出該企業明年的營業額為一千二百萬元，後年為一千四百四十萬元，大後年為一千七百二十八萬元。

▌三個注意事項

　　趨勢法簡明易懂，不過在使用時必須留意下列三點：

（一）注意質的變化

　　事物本質未變時，未來的發展會依過去與現在的軌跡運行，預測很準確；當事物產生質變之後，未來的發展不依舊有的軌跡運行，預測就不準確了。

　　舉台灣選舉為例，以前選民的本質未變，用趨勢法預測國民黨當選民意代表的席次很準確；目前選民產生質變，再用趨勢法預測當選的席次就不靈了。

（二）S形曲線變化圖

不論是一個王朝的興衰或是一個企業的起落，發展過程大致呈現出三S形曲線變化。所謂S形曲線變化，指的是剛開始緩慢發展，中期快速成長，後期再趨於遲緩，過程似S形。

舉企業發展過程為例，在成立之初，篳路藍縷，一切從零開始，發展緩慢；到中期，逐漸上軌道，產品打開銷路，成長迅速；到後期，官僚老大，矛盾分裂，發展又趨緩慢，最後逐漸衰弱直到死亡為止。這也難怪美國企業的平均壽命大約只有二十年。

除了王朝與企業的發展之外，經濟成長、植物的生長、甚至人類身高的增長，都呈現S形。

（三）必須做調整

趨勢法有其限制，因為現在的趨勢只會持續一段期間而已，所以它不可能毫無限制永遠依舊軌跡持續下去。因此用此法預測未來時，在使用一段時日之後，就必須根據當時客觀的情勢做適度的修正與調整，這樣才能維持其準確性。

● 預測四

推算法

　　我們常聽人說，落一葉而知天下秋，剖一雀而知五臟裡；推算法的道理與此相同，它是指根據已知的資料，經過一番整理、分析與估算之後，預知未來的一種方法。

▌確切的資料是推算基礎

　　根據《聯合報》的報導，地球暖化現象（溫室效應的結果）造成海平面升高的情況若不改善，預測到2050年時，大陸沿海四十八個縣市（包括廣州在內的珠江三角洲十四個縣市，以及上海在內的華東三十四個縣市）將遭海水淹沒。

　　這份由中共國家環境保護局、聯合國開發總署以及世界銀行共同發表的報告預測，屆時上海外海海平面將升高七十公分，而廣州所在珠江三角洲沿海海平面將升高六十公分（海平面若升高一公尺，因潮汐與風力的影響，沿海四公尺等高線以下的地區都會被淹沒），將有九萬二千平方公里的土地（約葡萄牙那麼大）被淹沒，可能多達七千六百萬人流離失所。

　　該報告絕非危言聳聽，而是依據已知的資料，運用推算法預測出來的結果。

　　義大利裔美籍物理學家恩立克・佛米（Enrico Fermi），
曾經出一道有趣的數學測驗題。

　　題目：芝加哥市有三百萬人，平均每戶有四個人，三分
之一的家庭有鋼琴，每架鋼琴五年調一次音，鋼琴調音師每
年工作二五〇天，每天平均可調四部鋼琴，請問該市有幾位
調音師？

　　從上述已知的資料，可逐步估算：

・全市三百萬人，每戶平均四個人，那麼全市有七十五
　萬戶。

・七十五萬戶中，三分之一的家庭有鋼琴，換言之，鋼
　琴共有二十五萬架。

・每架鋼琴五年調一次音，亦即全市二十五萬架鋼琴
　中，每年有五萬架需要調音。

・調音師每年工作二五〇天，每天平均可調四部鋼琴，
　換言之，每位調音師每年可調一千部鋼琴。

・全市每年有五萬架鋼琴需要調音，而每位調音師每年
　工作量為一千部，如此即可估算出芝加哥市的調音師
　在五十位左右。

　　這是簡單的推算法。

▋ 根據資料推算出珍貴情報

日本有一種無酒精啤酒，它去除啤酒中的酒精成分，把啤酒中4.5％的酒精含量，降低到幾乎等於零的0.02％。因為酒精含量銳減，所以卡路里的含量也跟著減低一半。不過，喝起來的感覺和啤酒一模一樣。

在現代人愈來愈重視健康的趨勢下，這種「無酒精、低卡路里」的啤酒理應大受歡迎才對，不料日本啤酒王「麒麟啤酒」推出之後，在大量廣告與廣大銷售網推動之下，竟然鎩羽而歸。

日本寶酒造工廠（以製造日本清酒「純」聞名）不信邪，在麒麟失敗多年後，想再推出無酒精啤酒。該公司下令「社會觀察情報部門」深入市場蒐集飲酒的資料，並留意社會的趨勢與消費文化。

該部門蒐集到下列的資料：

- 麒麟的無酒精啤酒乏人問津，全日本每年的銷售量不會超過十萬箱。
- 麒麟的廣告訴求重點強調產品無酒精、低卡路里等特點。
- 麒麟全部經由酒類通路來販賣。
- 在酒館與餐廳中發現一個現象：消費者大多在無啤酒可喝的情況下，才會想到無酒精啤酒。

綜合上述的資料，「社會觀察情報部門」經過整理與分析之後，推算出一項珍貴的情報：無酒精啤酒之所以滯銷，就在它活在啤酒的陰影下。不管廣告如何強調無酒精啤酒的特性，它永遠侷限在「啤酒的附屬產品」或者「啤酒的代替品」。這也是推算法。

有鑑於此，寶酒造在1984年2月推出無酒精啤酒BARBI CAN時，擬定了「酒當飲料來賣」的行銷企劃案。

・不論包裝、容量、價格，都比照一般的清涼飲料。
・跳出啤酒的陰影，打出「來自啤酒的成人新飲料」的宣傳口號，以便與啤酒劃清界線。
・基於「酒當飲料來賣」的策略，銷售通路主要擺在便利商店與超級市場等食品的通路上，而酒類的通路僅象徵點綴一下。

結果BARBI CAN在五個月內賣出一百萬箱（每箱二十四罐，計二千四百萬罐），成為當年全日本最暢銷的產品。

以《未來的衝擊》（Future Shock）、《第三波》（Third Wave）以及《大未來》（Power Shift）三本書享譽全球的未來學巨擘艾文・托佛勒（Alvin Toffler），也是運用推算法不斷地創作，探索未來。

1992年5月，托佛勒應邀來台訪問，他始終謹言慎行，對於不深入的問題，絕不妄做預測，他說：「我提供的只是

根據事實做出的分析與判斷，而非魔術或預言。」

　　托佛勒創作的素材來自報紙、雜誌、學術研究報告、政府公報（上述都是已知的資料），以及實地訪問。已知的資料經過他的整理、分析以及歸納，許多背後的涵義與趨勢就一一浮現。

預測五

循環法

　　宇宙間若干現象有一定的循環，譬如：四季氣候的變化，或是羅貫中所說「天下合久必分，分久必合」，或是白居易所說「樂極必悲生，泰來由否極」等等。

　　所謂循環法，是指根據宇宙間若干循環的現象去預測未來的一種方法。

▌二十四節氣就是時序預測表

　　《黃曆》中二十四節氣的制訂，就是運用循環法之下的典型產物。

　　二十四節氣包括：立春、雨水、驚蟄、春分、清明、穀雨、立夏、小滿、芒種、夏至、小暑、大暑、立秋、處暑、白露、秋分、寒露、霜降、立冬、小雪、大雪、冬至、小寒、大寒，它是古聖先賢長期觀察氣候的變化，所累積歸納出來的一套時序預測表。

　　節氣的用處很多，農民必須根據它來種植各種適時的作物；漁民從中得知當時各地海面出現的魚類，以便出海捕魚；一般人則根據它來預測四季氣候的詳細變化，以事先安排一年中的各種活動。

中央氣象局曾經以1900年至1985年這八十五年間的台北天氣概況，與《黃曆》上的二十四節氣相互比對，結果發現兩者大致吻合。

由此不得不令人讚嘆老祖宗驚人的智慧。

▌股市的波浪循環

除了節氣，我們再看看股市。

美國人艾略特（Ralph Nelson Elliott）在1927年發明了艾略特波浪理論（Elliott Wave Principle）。如今這套理論已成為股市波浪理論的經典，它也是典型的循環法。

艾略特觀察美國華爾街七十五年的股價變化之後，他發現股價在一個完整走勢中，會呈現出有如波浪般的八個波段走法（前面五波段是多頭，後面三波段是空頭），走完八波段之後又來一個八波段，周而復始，不斷循環。

這就像人類永遠脫離不了春夏秋冬與生老病死等大自然的規律一樣，股價也永遠脫離不了固定八波段的走勢，周而復始，不斷循環。我們從上述八波段的固定循環中，即能預測出股價未來的走向。

▌產品的生命週期

節氣與股票之外，行銷學裡面的「產品生命週期」

（Product Life Cycle）也是循環之下的傑作。

人的一生從幼兒期、少年期、青年期、壯年期到老年期，都有一定的循環。產品若從銷售量與獲利率的消長去觀察，與人類的生命循環類似，也有一定的循環，可區分為介紹期、成長期、成熟期、飽和期、衰退期五個階段，行銷學者稱之為產品生命週期。

身為企劃高手，從產品壽命循環中，必須瞭解自己公司產品目前所處的階段，並且預知即將到來的階段，在擬定行銷企劃案、進行廣告活動、改良舊產品、或決定價格策略，都是非常重要的參考資訊。

產品五個階段的特色如下：

（一）介紹期

一般人尚未接受，市場規模小，產品價格高，參與的企業少。

（二）成長期

一般人普遍接受，市場規模急速擴大，產品價格逐漸降低，陸續有競爭者進入市場，競爭激烈。這是獲利率最高的時期，產品在外形與性能上開始多樣化。

（三）成熟期

一般人幾乎都已經購買了，市場規模變得非常大，各品

牌間競爭更為激烈，彼此降價求售，產品繼續多樣化，成長
率大降。

（四）飽和期

消費者開始厭倦此產品，市場規模停滯，價格非常便
宜，某些品牌有拋售現象，有些企業撤退。與之有競爭的新
產品嶄露頭角。

（五）衰退期

產品除了廉價外，不再有任何吸引力，市場規模急遽縮
小，來不及撤退的企業會倒閉。

除了上述節氣，股票及產品壽命之外，我們若能發現宇
宙間其他事物的循環現象，就能根據它準確地預測未來。

● 預測六

蓋洛普法

蓋洛普法就是「民意測驗法」，它運用抽樣調查預測未來，因為準確性高，所以目前廣為各國所採用。

科學而有效的預測法

喬治・蓋洛普（George Horace Gallup）是個美國人，原是報社的記者，後來曾在西北大學與德雷克大學教授新聞學，1932年轉赴紐約的廣告公司工作，並為公司的客戶進行民意測驗，1935年他創設美國民意學會，1936年他不但創設不列顛民意協會，而且舉辦民意測驗準確預測了美國大選的結果，轟動全美國，從此之後「蓋洛普」就成為民意測驗的代名詞。

1936年的美國總統大選，由民主黨的富蘭克林・羅斯福（Franklin Roosevelt）與共和黨的艾爾夫雷得・蘭登角逐。當時《文摘週刊》的民意測驗預測蘭登將獲勝，而蓋洛普的民意則預測羅斯福將獲得壓倒性的勝利。後來蓋洛普以小於1％的誤差，準確預測出大選的結果。從此蓋洛普聲譽鵲起，不但成為那個時代的預言家，而且大家公認他發明了一套既科學又有效的民意測驗方法。

選樣在精不在多

　　《文摘週刊》在進行民意測驗時，依據「調查的人數愈多，結果愈準確」的看法，一共寄出一千萬份的調查問卷。因為這一千萬份名單來自電話號碼簿和汽車牌照，如此就把沒有電話和汽車的窮人排擠掉，造成選樣的嚴重偏差，以致調查結果失去準頭。

　　蓋洛普所發明的民意測驗法，否定了「調查人數愈多，結果愈準確」的看法。他抨擊這種盲目的大量採樣，並提出選樣在精不在多的主張。換言之，他的民意測驗是精心少量挑選分別具有代表性的各階層人士進行調查。

　　以美國總統大選為例，蓋洛普根據州（即區域）、社團、政治派別、社會地位、種族、職業、性別、年齡、收入等各項因素，精心少量地挑選各階層代表人士進行調查，因為抽樣得宜，所以預測的準確性才會高。

　　他認為，各州的情況不一；選民會因社會團體、政治派別以及社會地位的不同，支持不同的候選人；白人與黑人的興趣迥異；藍領與白領不會投相同的票；富人與窮人的政治立場截然不同；老年人與婦女比較支持保守派，年輕人則傾向自由派。上述這些複雜的因素，都是在採樣時必須謹慎考慮的。

　　台灣目前亦普遍採用蓋洛普來預測選情。以2008年3月台灣總統大選為例，當時許多民意測驗都預測馬英九會

當選，票選結果證明了民意測驗的準確性，馬英九果然當
選了。

　　然而蓋洛普法亦非百分之百準確。以1948年的美國總統
大選為例，在選舉前夕，「蓋洛普」、「哈里期」、《紐約
時報》（New York Times）、《華盛頓郵報》（Washington
Post）等民意測驗都一致預測共和黨的杜威（John Dewey）
將擊敗民主黨的杜魯門（Harry Truman），不料選舉結果杜
魯門以些微比數擊敗了杜威。

　　蓋洛普法雖有錯誤，可是其錯誤率還是很低的。

● 預測七

觀察法

　　所謂觀察法，就是從表面上看到的一些跡象，就能預知其發展趨勢或真相的一種方法。

▌人人是觀察的重點

　　觀察法的訓練，最多來自人的觀察，舉一個實例來說明。某甲有一天心血來潮，大清早帶老婆到永和喝豆漿，很湊巧遇到老朋友某乙。某乙坐在隔桌，身邊還有一位某甲不認識的女士。

　　某甲和某乙微微點頭後，各自用餐。

　　某甲的老婆悄悄地對某甲說：「這兩個人關係不尋常。」某甲詫異道：「妳怎麼知道呢？」老婆答道：「你看那女人披頭散髮，她既不是你朋友的老婆，必定是情婦。女人絕對不會在跟她關係不親密的男人面前儀容不整。」

　　事後某甲證實，那位女士果然是某乙的情婦。這是簡單的觀察法。

　　日本的大阪商人善用於觀察法預知客戶的營運狀況。他會要求夥計留意客戶店鋪的情況：店鋪門前的木屐與拖鞋是否有排列整齊呢？店鋪裡面朝氣蓬勃還是死氣沉沉呢？有笑

聲嗎？

- 木屐與拖鞋擺得很整齊的話，表示該店有紀律，能夠信賴；若擺得亂七八糟，表示該店沒有紀律，不值得信任。
- 店鋪裡面朝氣蓬勃，並聽到笑聲，表示該店生意興隆；若死氣沉沉，聽不到笑聲，表示生意差。
- 如果某店鋪木屐與拖鞋擺得很整齊，可是店裡面沒有笑聲，這表示該店經營規矩，但目前的生意不佳。

我自己亦常用觀察法預測某一企業的興衰。

一個企業，當你看到人才（業界公認的人才）流進之時，可預知該企業步向興旺；當你看到人才流失之時，可預知該企業走向停滯或衰敗。

▋ 事物進出檢查閱讀法

名企劃人詹宏志所採用的「事物進出檢查閱讀法」（In and Out Method，簡稱進出法），也是觀察法的一種。

詹宏志指出，所謂進出法，是指在一個「定點」觀察事物的進與出，從中排比出有意義的解釋來。

他舉例便利商店為例，因為便利商店的貨架總面積是固定的，所以經營者必須不斷地更換貨架上商品的種類及其數

量，如此才能求得營運的最高績效。持續觀察一段時間之後，將發現甲商品遭淘汰，被乙商品取代；或丙商品的陳列面積減少，丁商品的面積卻增加了。

　　詹宏志說：「商品的進和出，就是生活方式的新生與死亡。」

　　他舉洗衣粉為例，假如有一天傳統的洗衣粉在便利商店的貨架被淘汰，由濃縮洗衣粉取而代之，就表示洗衣服的方式改變了；如果陳列洗衣粉的面積減少，而紙衣紙褲的面積增加了，那表示嚴重的生活方式變化了。

CHAPTER

十個好用的
企劃案實例

企劃高手撰寫的十個企劃案實例，包括：漱口水、智慧銀行、房地產、雜誌、藥品、家電、生涯規劃、效率會議、推銷員、經銷商等林林總總，不論企劃新手或老手在撰寫企劃案時，均可拿來模擬與參考。

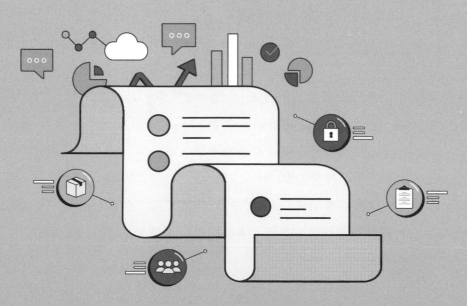

● 實例一

「德恩耐」行銷與廣告企劃案

名稱：德恩耐（Day and Night 漱口水）行銷與廣告企劃案
企劃單位：金球廣告公司
撰稿人：陳家和

▎前言

　　台灣的生活水準，隨著經濟的成長與社會型態的轉型而大幅提高，享受品的消費需求也正日漸加大。

　　漱口水的市場經過「李施德霖」多年來的開發，這兩年內已點燃了市場成長的火種。

　　「速可淨」以清淡的口味，在短短半年內成功地侵入辛辣的「李施德霖」的市場佔有，並接受了被喚起消費慾又排斥「李施德霖」者的全部市場。可見漱口水需求是很強烈的，而且成長率正在高速擴張中。

　　當然治療性的漱口水是未來市場的主流，但在飽和期的來臨前，享受性的漱口水依然是目前最容易被接受的。

　　因此在藥用漱口水強大的「李施德霖」與保健用漱口水的新貴「速可淨」之間，德恩奈漱口水要如何才能侵入漱口水市場佔有一席之地呢？

本建議主旨

　　1. 樹立正確漱口水的觀念：

　　　(1) 漱口水要有效果但不傷口。

　　　(2) 太濃太淡都不是漱口專用的漱口水。

　　　(3) 漱口是一種生活上的享受：辣口是吃苦的、淡口
　　　　　是沒味道的，都沒有漱口的享受。

　　2. 在漱口水成熟期未到之前先打擊老牌「李施德霖」
的市場，再抑制新貴「速可淨」的發展，以建立第一品牌的
地位。

　　3. 達成本年度的預定營業目標十二萬五千瓶。

本建議建議實施期

　　1986年7月～1987年2月。

本建議書廣告預算

　　以新台幣六百萬元為範圍。

▌市場消息

市場性

　　1. 據統計約有56～70％的人有口臭，如包括睡覺後醒
來產生的口臭，幾乎沒有人例外。

2. 根據中醫觀點節氣變化容易上火，會形成口苦、口臭、舌苔、口腔糜爛、牙齦發炎等口腔疾病。

3. 幼童嗜吃糖果，引起大量的蛀牙。

4. 「李施德霖」之高幅度成長，市場普及率達目標（三十～五十歲高階層男性）的5％。

因此，漱口水的市場演進已發展到可開發的階段，同時預計市場的起飛期（普及率20％）將迅速來臨。

商業機會

1. 1985年度百業蕭條，消費規模受挫甚鉅。

2. 1986年度2月表面尚有些許復甦的假相，唯4月加值型營業稅實施後必定會使景氣的恢復受到暫時性的抑制，較樂觀的期望1986年下半年能轉好就不錯了。

3. 1985年藥業成長下跌。藥房營業負成長達三成以上；藥商十有九家赤字連連。

4. 1985年廣告量成長僅2.59％，遠低於國民生產毛額4.73％，其中藥業在電視廣告費負成長6.1％，在報紙廣告費負成長65.71％，在雜誌廣告費負成長34.29％，而在電台廣告更是大幅的負成長。

因此，雖1、2月藥業有好轉的現象，但在不甚穩定的時機從事新產品上市，應採取較保守的市場經營政策，俾能成功登陸。

市場成長

1.「李施德霖」的良好業績，可說明德恩奈導入市場的安全性。

2.「速可淨」於1985年9月間市，受到普遍性的接受，說明了「李施德霖」的缺陷及漱口水市場規模一日千里。

3. 漱口水屬家庭所有份子適用品。日後普及的市場量龐大，市場規模可觀。

4. 生活水準的提升、中上階層迅速增多，亦顯示了成長的將來性。

消費者接受性

1. 消費者目前接受的是味道強烈的漱口水。

2. 強烈的味道連大男人都受不了，何況婦孺。

3. 導入期如以婦孺為目標群，必定事倍功半。

4. 因此德恩奈之口味應加重一點，至少有速可淨的水準，使舌頭有麻感（消毒味），才不會有藥力不足的錯覺。

因此，德恩奈仍應以藥品姿態的定位才能摒除接受的障礙。

▌商品分析

用途

1. 30歲以上之男性：消除口臭（口腔清潔舒適感、事業交往的印象）。

2. 18～30歲之男女性：消除口臭（談戀愛）。

3. 4～10歲之兒童：預防蛀牙。

4. 綜合用途：清潔口腔、牙齒保健，如舌苔、口苦、喉痛、牙齦發炎、口腔糜爛等。

命名

1. 定洋化的名字、以提高商品格調。

2. 英文名：Day and Night。中文名：德恩奈漱口水。

包裝

採用有歐洲風味的設計。

顏色

接近大自然色──「綠」（樹葉色）。

口味

以現有樣品而言：(1) 甜度不足感，(2) 藥力不足感，(3) 舌頭沒有麻感，(4) 涼爽度不足，不夠持久。

容量

與李施德霖相仿——350C.C.。

價格

1. 零售定價150元。

2. 零售進價120元（8折）。

3. 中盤進價108元（9折）。

4. 廠價27元（400％）。

5. 預估利潤：

（1）開發期

- 貨本……25％

- 廣告費……45％

- 利息……8％

- 費用……12％

- 純利……10％

（2）成長期

- 貨本……25％

- 廣告費……30％

- 利息……8％

- 費用……13.5％

- 純利……23.5％

▌市場研究

設定對象

　　1.「0～3歲」：雖然容易蛀牙，但不會漱口，本層予以排除。

　　2.「4～10歲」：此年齡層處於乳齒轉換永久齒之際，又是吃糖最多的年齡，蛀牙特別多，是重要對象之一。

　　3.「11～17歲」：此層忙於升學考試，又牙齒亦長成，是不易接受的層次。

　　4.「18～30歲」：未婚男女──戀愛年歲對口齒之清香較注重，吐氣如蘭尤以女性較講究，唯其開銷在衣著玩樂，購買力減低，是次要對象；已婚女性──雖有許多愛清潔之婦女，但本層之消費慾不強，是次要對象。

　　5.「30～50歲」已婚男性：(1) 吸菸量大，(2) 生活秩序不正常，(3) 口臭嚴重，(4) 生意往來注重外貌印象，(5) 購買力強。因此本層為導入期之最大消費群。

　　6.「50歲」以上：除了特殊身分（高級主管）之外，需要性已大為減低，因此本層亦不予計入。

市場預估

　　1. 導入期市場量：以30～50歲男性為目標群，其中20%中上階層為主要target group。

　　　　248萬×20％＝49.6萬人

2. 成長期市場量：加上4～10歲兒童為目標群。

　　280萬人×20％＝56萬人＋50萬＝106萬

3. 飽和期：再加上18～30歲及已婚女性。

　　（505萬＋250萬）×20％＝151萬

　　151萬＋106萬＝257萬人

銷售量預估

　　導入期以5％作基數，第二期實銷以50％作回收。即：

　　50萬×5％＝25,000瓶（7月）

　　25,000×50％×8個月（8月～次年3月）＝100,000瓶

　　年度以25,000＋100,000＝125,000瓶為目標量

競爭環境

（一）廠牌：

　　1. 李施德霖在西藥房已有深厚的基礎，味道強烈，毀譽參半，乃最大競爭對象。

　　2. 速可淨於1985年9月上市，口味淡，佔據不愛辛辣味道的市場。

（二）廣告力量：

　　1. 速可淨純以印刷媒體從事廣告。

　　9月雜誌：NT$56,000

　　11月報紙：NT$77,350

雜誌：NT$52,000

12月報紙：NT$232,050

雜誌：NT$45,000

但1986年已展開大量的TV廣告投資。

2. 李施德霖完全投入電視廣告。

（三）競爭分析：

1. 李施德霖係先導品牌，自有其穩固的地位。

2. 本品猶處開發階段（普及率僅目標群體之5%）。

3. 德恩奈如高水準的出現在開發期中很容易取得領導地位（如沙威隆之於巴斯克林）。

（四）競品廣告CF的表現：

1. 李施德霖

〈20"〉

與人親近的時候，別讓口臭成為您們的距離。

李施德霖漱口藥水能除口臭，殺死細菌，確保口氣清新。

李施德霖漱口藥水消除口臭，確保口氣清新LISTERLINE。

〈30"〉

有口臭的人自己多半都不知道，別人也不好意思說。

李施德霖能保持口氣清新。

刷牙只能清潔口腔的一部分，用李施德霖漱口水，

更能深入口腔，消除細菌，藥效持久。

使您與人相處，口氣清新，充滿信心。

保持口腔衛生，早晚二次。

李施德霖漱口藥水。

〈20"〉

年輕情侶約會跳舞擁抱篇。

2. 速可淨

〈30"〉

這是新產品

速

這是新產品

速可

先漱一口再說嘛！

嗯！談吐要講究，口氣要清新。

這是速可淨漱口水。

含一分鐘可保持長時間的口氣

清新

這是新產品速可淨漱口水。

噫！口氣清新多了

這才像話！

速口淨漱口水SCODYL

銷售季節

1. 以中醫論：冬天火氣較大，患口臭多，夏天多喝水火氣較小，口臭少。

2. 以活動量論：夏季男人商場交際活動量大，漱口需求較多。

因此，淡旺季不明顯，可以說一年四季都是旺季，但冬天應該比夏天稍大一點。

銷售地域

1. 高水準的地區為主力，應深耕經營。

2. 商場人士眾多之都會區，台北、桃園、台中、台南、高雄之比例應加重。

因此，大型藥房（指定店）外，高級區之鋪貨店數應會較密。

▌營銷通路

導入期之通路

1. 以350C.C.小包裝在藥房建立藥品定位。

2. 全省設台北2、桃竹苗1、台中1、雲嘉1、台南1、高屏1、花東1、基宜1等，九區域中盤代理經營。

3. 鋪貨代理策略：

　(1) 發動期（7月）。普銷店每家一口（4瓶）三千

家，甲級普銷店每家一口（6瓶）一千家，甲級店第一個月內進貨二口，合計二萬四千瓶。

(2) 發動期一個月後展開第一期特賣（8月15日）。目標量普銷店每家一口十二瓶，甲級店二口二十四瓶，發動期下貨量可併算，合計六萬瓶。

(3) 第一期特賣開獎後，立即展開二手中盤鋪貨，一口四十八瓶四百口（10月25日～11月10日），合計約二萬瓶。以上為第一季特賣總計八萬瓶，休息一個月空檔，即展開第二期特賣。

(4) 第二期特賣（12月5日～2月5日）。約第一季特賣之一半四萬五千瓶。

成長期之通路

1. 新設600C.C.及800C.C.：(1) 600C.C.代替350C.C.，在藥房流通。(2) 350C.C.準備入軍公教福利社。(3) 800C.C.於百貨線流通。

2. 特賣分為三期進行：4～6月，8～10月，12～次年2月。

▌消費者研究

動機

    1. 消除口臭，清潔口腔。

    2. 表現男士高雅的風度與談吐。

    3. 吸引異性，有魅力。

性格

    1. *炫耀心*：地位、財富、名譽、愛情方面，都希望優越高人一等。

    2. *廣告免疫性高*：不關心、短期間難以打動。

    3. *生活秩序較亂*：時間不太夠用，交際多，生活起居不定，甚至吃藥漱口也不會定時定次。

    4. *疼愛自己的小孩。*

習慣

    1. 戒菸、戒酒、戒檳榔是很不樂意的。

    2. 飲食後立即漱口之習慣很少。

    3. 忙碌，睡眠不足。

使用頻度

    1. 有約會，或發覺自己有口臭時才使用。

    2. 但是口臭大部分是自己感覺不出來，因此使用頻度是必須教育、提醒。

購買決定

　　1. 第一次購買必定是使用者本人。

　　2. 影響購買者：(1) 牙醫，(2) 藥房老闆，(3) 廣告。

購買因素

　　1. 必要因素：(1) 除臭味功能，(2) 香味，(3) 清涼度，(4) 清潔力，(5) 舒服性，(6) 品牌高級感，(7) 有刺激性……。

　　2. 不必要因素：(1) 價格，(2) 殺菌力，(3) 無刺激性……。

▌行銷上的不利點與有利點

不利點

　　1. 主力競爭品歷史久，市場強、財力足、廣告夠排場。

　　　〈**解決方法**〉不論在產品設計、廣告表現採取超高格調，並使用高密集的預算戰略來克制競爭品。

　　2. 消費者習慣於強烈口味。

　　　〈**解決方法**〉教育消費者正確的漱口觀念，強烈的刺激性會傷害味覺之訴求，以瓦解競爭品現有勢力。

　　3. 第二品牌速可淨以淡口味、低單價侵入成功。

　　　〈**解決方法**〉以淡而無效之攻擊法予以抑制，更以平價政策對抗其低價優勢。

　　4. 男性產品不易開發、廣告影響小。

　　　〈**解決方法**〉利用男性性格上的弱點予以突破。

5. 初期目標較大，不易達成。

〈**解決方法**〉運用攻擊性的宣傳主題，以switch競爭
品之忠實顧客，並爭取新user。

6. 產品單價小，開發費用過弱。

〈**解決方法**〉針對target group與藥房使用單一廣告媒
體，以求量與質的密集效果。

甚至在第一期登陸成功後，追加預算，乘勝追擊。

有利點

1. 藥業市場漸次恢復，市場潛力大。

2. 消費者已接受產品，無開發風險。

3. 李施德霖及速可淨產品有缺點。

4. 競爭品廣告表現不強，德恩奈不受衛檢約束。

▎廣告建議

廣告概念

1. 漱口水在李施德霖的開發下日漸成長。

2. 辛辣的口味使消費者不得不忍受痛苦，勉強地使用。

3. 淡味的速可淨填補了李施德霖的缺點，證明有效又
不太刺激的漱口水是受到歡迎的。

4. 李施德霖以藥劑的姿態努力教育消費者。

5. 速可淨以衛生用品之定位擴張市場佔有，因此漱口

水的市場位置，只有「有藥品的效果，沒有藥品的痛苦」之定位，才能夠在競爭中掌握勝算。

　　6. 消除口臭乃漱口水的主要使用動機。

　　7. 促成消費者使用漱口水因素為自我滿足、愛情獲得及親情溫暖，因此從消費者的基本慾望切入產品功效與特點最易引起共鳴。

　　8. 德恩奈的處方已被肯定具有療效。

　　9. 德恩奈之口味遠比競爭品優良，更會受使用者喜愛。

　　10.德恩奈的產品外觀亦優於競爭者。

　　11.李施德霖仍佔據絕大部分市場，有雄厚的廣告力量。

　　12.速可淨低價優勢在干擾新品牌的介入。

因此德恩奈如何才能突破困境，一戰成功呢？

設定戰略

　　1. 為造成高的廣告注目率（Attention），使用具殺傷力的否定攻擊法。

　　2. 為誘發消費者需求的感性訴求法。

　　3. 為提高差異性及療效肯定法。

　　4. 為增進廣告記憶（Memory），使用Day and Night之音效與字體的突出表現。

　　5. 為加速採取購買行動（Action），使用利益及藥房催促法。

廣告主題

從白天到晚上
爸爸的口臭不見了

親切愉快的30秒
滿口新鮮的一整天
富有吸引力的口氣

令人消魂（陶醉）30秒
口氣新鮮一整天
清除口臭，預防口腔疾病
不會太辣，不會傷害口腔
不會太淡，效果沒問題

清除您的口臭
請駕藥房試一試德恩奈

TV—CF大意

1. 親情篇：

父：來小寶爸爸親親
子：爸爸嘴巴臭臭，先漱漱口嘛！
父：哎喲！這麼辣
母：那麼試試這種
父：嗯！太淡了有效嗎？

OS ： 新上市

　　　不傷口腔又有效

　　　德恩奈漱口水

　　　不太濃不太淡

　　　味道恰恰好效果沒問題

　　　清除口臭預防蛀牙口腔疾病

　　　從白天到晚上

子：爸爸的口臭不見了

OS ： 德恩奈漱口水Day and Night

2. 情愛篇：

富有吸引力的男人

應該有富有吸引力的口氣

吸菸、應酬火氣大容易口臭

清除口臭，預防口腔疾病

德恩奈漱口水

不會太辣，不傷口腔

不會太淡，效果沒問題

令人消魂的30秒

滿口新鮮一整天

從白天到晚上

富有吸引力的男人

富有吸引力的口氣

德恩奈漱口水Day and Night

媒體預算

1. 進度表（略）

2. 媒體預算比率

T.V. 3,800,.000		63.3%
N.P.（報紙）1,780,000		29.7%
印刷170,000		2.8%
CF（廣告影片）250,000		4.2%
總計6,000,000		100.0%

3. 各銷售季比率

新上市2,070,000		37.1%
第一期特賣1,910,000		34.2%
空檔消化期200,000		3.6%
第二期特賣1,400,000		25.1%
總計5,580,000		100.0%

● 實例二

「噴腳好」行銷與廣告企劃案

名稱：噴腳好（香港腳治療劑）行銷與廣告企劃案

企劃單位：金球廣告公司

撰稿人：張永誠

■ 一、綜合分析

市場分析

（一）市場規模

　　台灣地處亞熱帶，氣候潮溼，穿鞋者極易罹患香港腳，尤其每年4月至9月間，因梅雨季節、夏熱發汗等因素，患者更多。

　　根據初步調查，台灣地區20～50歲之成年人，每四人中即有一人患有香港腳，依此推論，台灣地區罹患慢性香港腳的人數，至少應有二百二十萬人之譜。

　　二百二十萬人中患輕微之「足蹠水泡型」者佔41.3％，約為九十萬人，患較嚴重之「趾間糜爛型」者佔55％，約為一百二十萬人。

（二）市場動向

1. 市場佔有率以「足爽」最高，「悠悠藥膏」次之，兩種品牌約佔有70％的市場，「妥舒」於1985年夏上市，即佔據市場的第三位。

2. 由於香港腳多數為長期慢性患者，受消費者心理因素影響，除非有特殊使用方法及治療效果的「新產品」上市，否則市場成長有限。

3. 香港腳治療藥的銷售旺季以每年5月至9月為高峰。

4. 患者由於治療均缺乏耐心，故治療率不高，以致品牌忠實度偏低，極易受廣告影響而轉換品牌，「足爽」、「悠悠」、「妥舒」之所以稱霸於市場，並非治療方法及效果佳，實因廣告所致。

（三）上市商機

1. 藥業受S-95影響，西藥房營業額普遍降低20～40％，對新產品進貨將採保守態度，此一情勢至少需至1986年6月以後才可緩和。

2. 消費者經S-95事件後，對廣告藥品勢將存疑，購買前必多方打聽，瞭解藥效之後始採取購買行動。

3. 政府法令及政策在1986年有極大之修正（如票據法修正、加值型營業稅實施），此舉將影響許多商業活動，對新產品的上市尤其不利。

（四）結論

1.台灣地區香港腳治療藥的市場頗大，前途可為。

2.目前佔有率較高的產品，未能滿足消費者。

3.「噴腳好」目前上市，並非最有利的時機。

競爭分析

香港腳治療藥，目前在市場上品牌眾多，中西雜陳，各據一方，唯經市場抽樣調查結果顯示，較具知名度及佔有率者包括下列：

（一）主要競爭品牌

1. 足爽藥粉：廣告量大（電視為主，每年7月分，瓊斯盃籃球賽時均高達三百萬以上），故品牌知名度極高。

2. 悠悠藥膏：品牌老，知名度高，兼以一度為軍中所採用，信賴度頗高。

3. 妥舒軟膏：新品牌廣告強打，對悠悠影響最大。

（二）次要競爭品牌

1. 克膚足水溶性軟膏。

2. 安治癢癬藥水。

3. 葆生專治癬膏。

4. 足保寧液。

5. 美固腳。

6. 皮得朗乳膏。

7. 喜得康乳膏。

8. 其他中藥、內服藥粉及藥水。

次要競爭品牌中,除克膚足、安治癬癬較有知名度外,其他均不足論。

(三) 結論

「噴腳好」新上市之競爭對象,應以「足爽」、「悠悠」、「妥舒」為主,行銷及廣告戰略、戰術均應以滲透及瓜分此三大品牌之市場為目標。

商品分析

從競爭分析之結論,未來「噴腳好」的競爭對象將以「足爽」、「悠悠」、「妥舒」為主,茲將其商品的特點及弱點作一分析:

(一) 足爽的特點及弱點

1. 特點:(1) 以燙法治療,予患者心理上有治療之信心與安心感。(2) 燙後足部感覺很舒服。

2. 弱點:(1) 使用不方便,夏季更有格格不入之感。(2) 價格太高,每次約需新台幣九十元,患者不勝負擔。

1985年香港腳治療劑電視廣告費統計

月分	足爽	妥舒	悠悠
1	0	0	0
2	112,000	0	0
3	0	0	68,000
4	2,004,000	1,149,000	0
5	2,804,000	4,416,000	386,000
6	2,326,000	3,711,000	805,000
7	3,716,000	1,197,000	717,000
8	2,960,000	1,671,000	598,000
9	0	969,00	333,000
10	0	0	27,000
11	1,004,000	0	
12	0	0	0
合計	14,926,000	13,113,000	2,934,000

（二）悠悠及妥舒的特點及弱點

1. 特點：(1) 以塗敷法治療，與一般外傷治療的觀念與習慣相符合。(2) 費用較省。

2. 弱點：(1) 不衛生，善後洗手，整理麻煩。(2) 藥效溫和，無滲透力，治療效果慢，使用者無耐心。

（三）噴腳好應強調的商品特點

綜合「足爽」、「悠悠」、「妥舒」的特點與弱點，「噴腳好」面對此三大強勢品牌，勢非採取破壞力、殺傷力較強的策略，否則無法攻佔市場。經仔細研究商品特性後，噴腳好商品特點的訴求，有下列三點：

1. 以「噴射式」方法治療，為香港腳治療法開創新觀念及新方法。

2. 使用方法既方便又衛生。

3. 「噴射式」藥效強，能徹底殺菌，治療效果快。

（四）結論

綜合競爭對象商品的特點、弱點及噴腳好的商品特性，「噴射式」治療法應為訴求上最主要之特性，消費者的接受性亦較高，唯有如此，方能破壞原有的市場，攻佔較大的地盤。

消費者分析

（一）香港腳患者心理分析：

1. 多數消費者不認為香港腳是一種病，輕微患者大都採漠不關心的態度。

2. 有經驗的患者，心理上即認為香港腳不易根治。

3. 部分患者視揉搓香港腳患部為一種樂趣。

4. 大部分患者，非腫痛至不能步行，或癢至無法忍受，不願治療。

5. 有些人相信治療率極低的民間治療法，如浸泡鹽水，揉擦蒜頭，塗拭紅汞水或碘之類。

6. 缺乏治療耐心。

（二）香港腳主要患者

依據研究調查顯示，香港腳除季節及年齡因素外，職業與工作環境有密切的關係，下列人士最易罹患香港腳：

1. 一般上班的薪水階級，終日無脫鞋之機會者。
2. 經年在外奔波的推銷員。
3. 學生。
4. 軍人。
5. 運動員。
6. 礦工。
7. 女性患者有增多的趨勢。

（三）香港腳患者的治療習慣

1. 輕微之「足蹠水泡型」患者，多以手指或針刺自行處理，有公保或軍保者則至門診中心取藥塗敷。

2. 嚴重之「趾間糜爛型」患者，則受廣告的影響親至西藥房指名購買，或接受藥房的推薦。

3. 不論輕、重患者，只要治療稍有效果，即停止治療，以致斷根者極少，復發情形普遍。

（四）結論

1. 香港腳患者，非萬不得已，不輕言購藥治療。
2. 香港腳患者，多無治癒之耐心。

3. 香港腳患者普遍存在於各行各業，並無特殊的職業特徵。

4. 香港腳患者，購藥治療深受廣告的影響。

綜合分析──總結論

台灣地區罹患香港腳者人數頗多，市場成長有待具有特殊使用方法及治療效果的「新產品」來加以開發。

「噴腳好」新上市，應以「足爽」、「悠悠」、「妥舒」為主要競爭對象。

「噴腳好」的商品特點應為「噴射式」治療法，應以特點破壞競爭對象市場以取得優勢。

「噴腳好」上市初期的訴求對象宜針對嚴重之「趾間糜爛型」患者，較易攻佔市場。

█ 二、行銷建議

行銷上的問題點與機會點

（一）問題點

1. 新產品上市，知名度低，缺乏信賴。

2. 商機不佳，藥房進貨意願有待考驗。

3. 患者反應遲緩，市場回收慢、廣告及通路的投資較大。

4. 足爽、妥舒之市場若受到影響，將會有反擊活動，

行銷將倍感吃力。

　　5. 噴腳好定價偏高，不利接受試用。

（二）機會點

　　1. 商品有特點，差異化訴求較易。

　　2. 足爽、妥舒等未能滿足銷費者，市場有間隙供滲透。

　　3. 商品設計及包裝具現代感，易為消費者所接受，加以使用方便、衛生、治癒率必能提高，形成口碑。

　　4. 香港腳患者逐年有增加趨勢，重症者亦呈比例增多，市場有將來性。

商品定位

　　1. 香港腳專門治療藥。

　　2. 專治重症，長年不癒之香港腳。

　　3. 新的噴射治療法，用燙、敷無效者的救星。

　　4. 唯一使用方便、衛生、治癒率最高的香港腳治療藥。

行銷戰略建議

　　從「噴腳好」行銷上的問題點與機會點及商品定位之設定，茲建議下述行銷戰略建議，以供參考：

（一）產品方面

　　1. 包裝上，除噴頭外，宜採較具現代感的玻璃瓶，以

提高商品價值基準及消費者的信心。

　　2. 容量方面，除20C.C.裝外，可再開發50C.C.裝，用以區隔輕症及重症的使用者。

（二）價格方面

　　1. 20C.C.裝的價格宜定在新台幣150～180元（末端消費者售價）間，以提高競爭及市場滲透力。

　　2. 50C.C.裝的價格則定在新台幣380元左右，吸引重症之重級使用者，並且將來可轉軍公教福利社。

（三）通路方面

　　1. 由於商品的單位價值小，故宜採普銷方式，藉廣告力量造成消費者指名購買。

　　2. 初期宜給藥房較高的利潤，以爭取較佳之評價及佔有率。

　　3. 加強購買點的促銷，以海報或懸吊式POP引起注意及記憶。

　　4. 銷售進貨要配合廣告及季節性因素（5～9月為旺季），以提高通路效率。

（四）促銷方面

1. 廣告（詳見第三部分廣告建議）。

2. 銷售促進：(1) 加強零售點的銷售力，以聲勢壓制競

爭牌之優勢。(2) 選擇適當時機，針對零售點舉行特賣。

　　3. 加強推銷人員的產品及市場知識。

（五）情報方面

　　1. 推銷員需與藥房保持密切連繫，隨時反應消費者意見，以做為產品及廣告政策之依據。

　　2. 注意競爭產品的行銷動態，以便擬定對策因應。

銷售量預測

　　若依台灣地區患趾間糜爛型患者有一百二十萬人計，則「噴腳好」新產品上市，在通路及推廣正常的情況下，銷售量按新產品採用程度之經驗，可估算如下：

　　上市初期創新採用者：

　　$1,200,000 \times 2.5\% = 30,000$（瓶）（5,000家×6）

　　早期採用者：

　　$1,200,000 \times 13.5\% = 162,000$（瓶）（5,000家×32）

　　以上估算係在各項條件正常情況下，所作的毛估預測。百分比根據新產品採用的程度及分布經驗。

▎三、廣告建議

　　歸納綜合分析及行銷上之建議，茲擬定廣告建議如下：

廣告概念設定基礎

（一）訴求對象

　　1. 從破壞香港腳現有市場開始，建立香港腳治療方法的新觀念，引起所有患者的注意。

　　2. 初期針對患趾間糜爛之重患者訴求，以強化藥效的深刻印象，建立療效的認同感。

　　3. 待初期市場穩定後，即以一般患者，包括趾間糜爛型、足蹠水泡型患者訴求，以擴大市場。

（二）廣告目標

　　1. 引起香港腳患者及使用足爽、悠悠、妥舒者的注目及關心。

　　2. 將「噴腳好」獨特的噴射式治療法之訊息，在最短期間內傳達給患者，建立知名度。

　　3. 以使用方便、衛生及治療效果為訴求內容，促使重患者採取購買行動及品牌轉換。

　　4. 使輕患者受廣告的影響，亦採取購買行動。

　　5. 配合廣告鋪貨及特賣活動，建立藥房的信心。

（三）廣告時間

　1. 市場破壞期：新產品上市前7〜10天（約5月中旬）。

　2. 第一階段：新上市市場滲透期（6月）。

　3. 第二階段：市場鞏固期（6月以後）。

　　　　　　　特賣第一期6〜8月

　　　　　　　特賣第二期9〜12月

廣告戰略

（一）設定戰略

　1. 徹底摧毀舊式以燙及塗抹治療藥的市場。

　2. 建立「噴射式」使用法的獨特性及權威地位，以「新式」及「獨特」之訴求，樹立治療香港腳的新觀念。

　3. 針對消費者心理，以衛生、方便及治療效果之訴求，建立患者的偏好，進而採取購買及品牌轉換的行動。

　4. 以產品差異化的手法，將競爭品牌足爽、悠悠、妥舒作各種比較性說明，以增強患者信心。

（二）廣告主題

　1. 市場破壞期

　　〈TV〜slide 10"〉

　　S1：香港腳，擦！擦！擦！還是痛

　　　　燙！燙！燙！還是癢

　　S2：香港腳，免擦免燙，用噴的

　　　　噴腳好，一噴腳好！

　S1：癢！癢！癢！香港腳，

　　　　擦！擦！擦！擦不好！

　　　　燙！燙！燙！燙不好！

　S2：香港腳新的治療法，噴腳好一噴腳好！

2. 市場滲透期

〈報紙〉

(1) 香港腳邁進「噴」的新時代

　　比燙方便，比抹衛生，一噴腳好

(2) 足下的煩惱，只有「噴」才能徹底解決

(3)「噴射式」治香港腳，一噴見效

(4) 香港腳大限──「一噴專案」

(5)「噴」的卡強，「射」的有效

　　噴射式的「噴腳好」堂堂上市

(6)「燙」不好，「抹」無效，改用「噴」

(7) 七年之癢、長年之痛，只有「噴腳好」才能不痛
　　不癢

〈電視〉

二十秒CF壹支

(1) 表現計畫：

　　• 訴求商品特性：「新」的「噴射式」（商品特
　　　點）噴腳好，是方便、衛生、有效（消費者利
　　　益）的香港腳治療藥。

- 訴求對象階層：以「癢」、「痛」以及噴後之
  舒爽，喚醒香港腳患者的注意及關心，年齡為
  20～50歲之間的男性、女性。
- 傳播重點：將「新」式治療法的「噴腳好」，
  新上市之消息告知訴求對象階層，讓其瞭解訴
  求的商品特性及利益，產生信賴，誘導其採取
  購買行動。

(2) 表現基本概念：「噴」的較（腳）好，「噴」的
  有效（注意台語配音）。

(3) 表現方針：

- CF影片需能表現出「噴腳好」是一種新產品，
  新的治療法。
- 「噴射式」強而有力的特點需能予消費者顯明
  而且強烈的印象，因此，「噴頭」及噴的效果
  之畫面應重複出現。
- 為了表現CF的攻擊力，對「燙」、「抹」之治
  療法需有明示或暗示的比較與否定，以強調方
  便、衛生之好處。
- 商品名稱及標準字體，需以特殊手法處理，使
  其突出，並配合聲音，造成最佳的記憶效果。
- 模特兒之選用，宜找能為一般人所接受且具有
  喜感的人物，為擴大消費者層面，男性、女性
  及年齡亦需加以考慮。男性如倪敏然，女性如

方芳、夏玲玲等。

- 「噴」的較（腳）好，「噴」的有效之訊息，應技巧性的加以傳達，並表現使用者之快感及樂趣。

- 創造一句易懂、易記之Slogan，例如「噴的厲害」或「噴的不麻煩」之類。

- 畫面的表現需有故事性，方能夠增強記憶效果。

3. 市場鞏固期

〈報紙〉

(1) 衛生、方便的「噴腳好」使您不再頓「腳」捶胸，身不由「足」

(2) 好用的「噴腳好」讓您的歹腳、痛腳變好腳

(3) 舉足如舉重，腳痛心更痛

　　只有「噴腳好」使您輕而易舉

(4) 痛癢相關，一噴永逸

　　消毒、殺菌、3秒鐘完成

(5) 一乾二淨三腳好，長痛短痛都有效

　　衛生、速效又好用，只有新方法「噴腳好」

(6) 「腳」踏實地，「足」以自豪

　　「噴腳好」使您昂首闊步

〈電視〉

繼續使用市場滲透期之CF，延續其廣告效果，同時為使出現頻率增加，二十秒CF可剪接為十秒與二十秒同時播出。

媒體戰略

（一）市場破壞期（產品上市前7～10天）

在7至10天之內，全部採用電視媒體，以十秒或十五秒的Slide在高收視率節目密集插播，造成高注目率及衝擊性之效果。

（二）市場滲透期（新上市後三個月內）

1. 報紙：為求迅速打開知名度，造成較高的傳播效果。新發售初期宜採用發行量較大的全國性報紙雜誌，《聯合》、《中時》、《時報周刊》等以全10版面刊登，藉以將「噴腳好」之特點、利益及新的治療方法作詳細的說明，以建康產品的權威及信賴。

2. 電視：為使市場破壞期的破壞力，產生立即而明顯的銷售效果，新發售期間，應在破壞期結束後，立即以CF接檔，並配合報紙在收視率30％以上節目密集插播或提供，尤其宜重視台語節目及八點檔的連續劇。

3. POP或海報：配合報紙及電視的效果，於西藥房懸吊POP或張貼海報，以壯大聲勢及銷售效果。

（三）市場鞏固期（新上市三個月後，視市場情況而定**）**

　　1. 報紙：版面改以全 3 或外報頭，在全性大報及三分之一頁《時報周刊》刊登，以提醒性持續前期的廣告效果。

　　2. 電視：選擇性的高收視率節目或特別節目（體育），作提醒性或競爭性之對抗。

媒體預算（每月預算分配）

　　1. 5月分（5月15日～5月21日）　　　　　　560,000

　　　電視密集插播10"或15"Slide 7天×10"×4次　560,000

　　2. 5月至6月（5月21日～6月15日）

　　　《聯合》、《中時》全10各1次《時周》4次全頁

　　　　　　　　　　　　　　　　　　　　　450,000

　　　電視密集插播CF 10"、20"　　　　12,000,000

　　3. 6月至8月（6月20日～8月25日）

　　　電視密集插播　　　　　　　　　　1,200,000

　　　《中時》、《聯合》全3各3次《時周》1/3頁6次

　　　　　　　　　　　　　　　　　　　　　450,000

　　4. 9月（9月1日～9月30日）

　　　《中時》、《聯合》全3各2次《時周》1/3頁5次

　　　　　　　　　　　　　　　　　　　　　300,000

　　5. 9月至10月（9月21日～10月15日）

　　　電視密集插播　　　　　　　　　　　800,000

　　6. 10月至11月（10月25日～11月10日）

電視密集插播   500,000

7. 11月至12月（11月20日～12月4日）

電視密集插播   500,000

8. 12月分（12月6日～12月31日）

《中時》、《聯合》全3各2次   200,000

廣告進度（6月20日~8月25日第一季特賣、9月25日~12月5日第二季特賣）

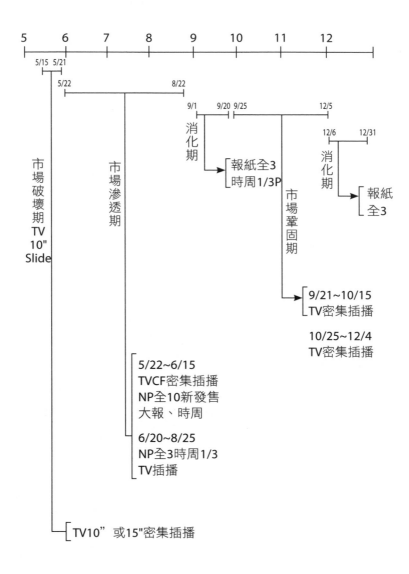

● 實例三

智慧銀行企劃案

名稱：智慧銀行企劃案
撰稿人：周浩正

▌一、緣起

我們有一個夢。

或許它應該稱為理想、藍圖，但是我們比較喜歡帶點浪漫情懷的字眼，那是現代人極度缺乏的養分。

這個夢其實來自夢魘。

我們曾經是個敬重書籍的民族。書籍記載知識，而知識充實我們的心靈，引導智慧成長，或是滋潤饑渴的靈魂。我們認知，也承認書籍的重要性，總是以禮相待，甚至因而敬惜字紙，不敢隨意踐踏或棄置。

然而，當資訊爆炸，台灣蕞爾小島聚集著五千四百二十二家出版社，以平均每月一千一百冊的出書量，源源不斷湧入書店，書籍的貴賓地位劇烈動搖。

對消費者，浩瀚書海令人迷失方向，無從揀選；對出版社，精心製作的成品搶不到陳列舞台，製程費時經年只能展示數日，買賣雙方都是輸家。

於是我們有一個夢，夢想重新建構書與人的關係，讓它們順暢地流動於產製者與消費者間；夢想購書成為最高享受，買賣雙方共蒙其利。

我們試圖搭建一座橋樑，它的名字叫做「智慧銀行」。

▌二、智慧銀行概述

定位

智慧銀行力圖建構一種獨特的書籍行銷通路。在這個通路中，行銷只是手段，真正目標是針對讀者需求，提供「知的滿足」。

它以郵購模式及獨特組合模式（例如：專家開書單），經營出版社的書籍，使出版社在店銷之外，另有管道接觸購書大眾，一方面幫助書籍流通，解決出版社無處展售產品的痛苦，另方面也方便讀者，不需出門就能接觸經過精選的優良書籍。因此它的功能是「幫助書籍找到合適的主人」，以及「幫助讀者找到需要的好書」。

LOGO

智慧銀行的LOGO由三部分組成，分別為：

1. 智慧銀行：中文全名。

2. Wisbank：英文全名，為自創的合成字，由wisdom（智慧）和Bank（銀行）二英文字組合而成。

　3．W圖形：W為Wisdom（智慧）的字首，也是Wisbank
字首，以它做為智慧銀行代表圖型，意義明確。

定案的LOGO如下：

1．橫式：智慧銀行（請參考附圖十）

2．方正式：（請參考附圖十一）

　　附圖十

　　附圖十一

組織表（未來發展參考圖）

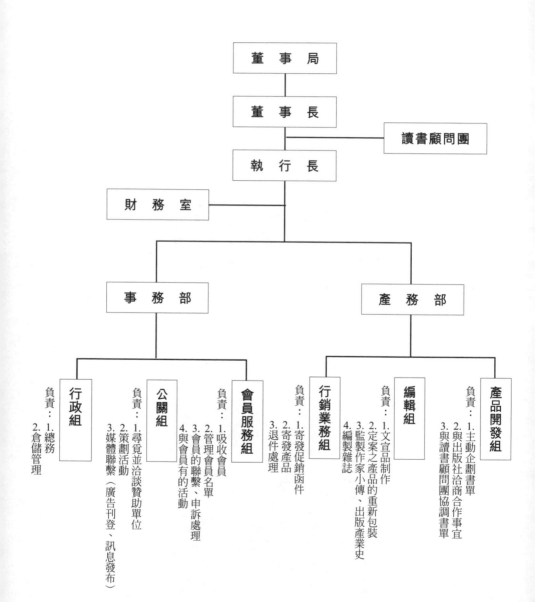

董事局

董事長

讀書顧問團

執行長

財務室

事務部

產務部

行政組
負責：
1.總務
2.倉儲管理

公關組
負責：
1.尋覓並洽談贊助單位
2.策劃活動
3.媒體聯繫（廣告刊登、訊息發布）

會員服務組
負責：
1.吸收會員
2.管理會員名單
3.會員的聯繫、申訴處理
4.與會員有的活動

行銷業務組
負責：
1.寄發促銷函件
2.寄發產品
3.退件處理

編輯組
負責：
1.文宣品制作
2.定案之產品的重新包裝
3.監製作家小傳、出版產業史
4.編製雜誌

產品開發組
負責：
1.主動企劃書單
2.與出版社洽商合作事宜
3.與讀書顧問團協調書單

1. 董事局：負責監督智慧銀行實務運作，由智慧銀行發起人暨社會賢達人士組成。（參考附件二）

2. 董事長：智慧銀行名譽領導人，禮聘名望之士擔任。

3. 執行長：智慧銀行實際領導人。

4. 讀書顧問團：禮聘各領域專家組成，各就其專長為會員開書單、寫導讀、引介新觀念、擬訂閱讀計劃等。（參考附件三）

營運鏈

智慧銀行自處於上游出版社與下游「智慧之友」間，服務兩者而居中游橋樑地位；此三者形成環扣，各取所需，均蒙其利。此外，智慧銀行也將不定期尋求跨業界的合作機構，開創彼此的附加價值（請參考下頁附圖十二）。

1. 智慧之友：智慧銀行公開招募閱讀大眾為基本會員，稱作「智慧之友」，得享智慧銀行推出的各項服務，包括新書情報、跳蚤書市、購書優惠專案、閱讀導覽、閱讀講座等。「智慧之友」在智慧銀行留有閱讀性向資料，以利接受個別化的服務。（參考附件五）

2. 出版社盟友：凡是認同智慧銀行營運理念，願意建立合作關係的出版社，經由雙方訂約而成為盟友。供書條件視個案詳議。（參考附件六）

智慧銀行營運鏈

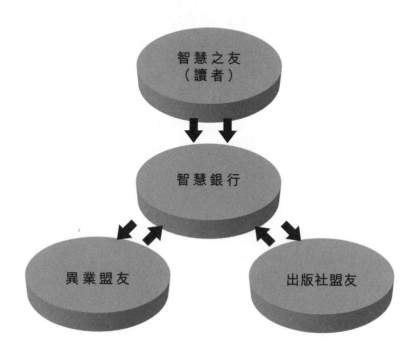

附圖十二

3. 異業盟友：智慧銀行將主動尋求不同業界的合作夥伴，作為異業盟友。合作內容視個案詳議。

營運項目

1. 面對出版社

· 代售新書。

· 將單一出版社的舊書組合成新面貌，再代為販售。

‧創造議題，組合跨出版社的書單，代為販售。

‧代為找尋讀者。

2. 面對閱讀大眾

‧提供書訊。

‧提供書籍導讀服務。

‧提供代購書籍服務。

‧提供閱讀講座服務。

‧提供購書優惠。

‧提供閱讀規劃服務。

產品類別

智慧銀行的產品（書單）類別為單品型和組合型二類。

（一）單品型

1. 單一出版社出品的套書，例如實學社的《秦始皇大傳》（一套5冊）、《改編電影名家名著》（一套11冊）、遠流出版社的《胡適日記》（一套18冊）等。

2. 高單價的單本書，例如貓頭鷹出版社的《新世紀大百科》等。

（二）組合型

1. 編輯選書：由智慧銀行產品組挑選組合的書單，又可細分成數類。

(1) 主題書——選定主題作組合，如啟蒙書單等。

(2) 節慶書——依節慶作組合，如兒童節送禮書、情
人節送禮書等。

(3) 回頭書單——各種回頭書。

2. 顧問選書：由智慧銀行讀書顧問組合的書單，直接
以顧問之名掛牌，稱為「×××知金」，長期銷售，並忠實
公告銷售數字。

3. 其他創意組合（略）

作業進程

（一）宣布成立

智慧銀行預計2018年8月誕生，行動步驟包括：

1. 召開記者會，正式宣布智慧銀行成立。

2. 刊登廣告，告知消費大眾智慧銀行成立的訊息。

3. 智慧銀行簡介暨「智慧之友」申請書置於店頭，供
消費者索填。

4. 展開第一波促銷案。

（二）推案計劃

年度推案計劃（2018年8月～2019年7月）示意圖（請參
考下頁附圖十三）

年度推案計畫示意圖

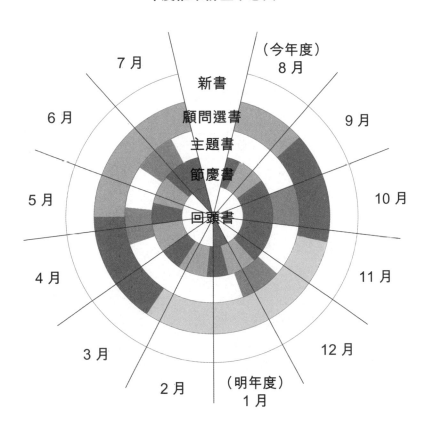

附圖十三

- 全年推案量預估在十二至廿五檔之間，目前預排廿二檔。

- 新書預約案計九檔，每檔長度一個月，以尚未進入店頭販售的新書為限。

- 讀書顧問團選書案計二檔，每檔長度二個月，由讀書顧問精選書籍組合而成。

- 主題書案計四檔，每檔長度一個月，依設定的主題組合書單，如：啟蒙書。

- 節慶書案計五檔，每檔長度一個月，挑選適合作為節慶禮品的書單，分別在父親節、西洋情人節、兒童節、母親節、聖誕節推出，方便送禮。

- 回頭書案在寒、暑假各推出一檔，共計二檔，每檔長度一個月，以利消費者選購長假良伴。

三、與出版社合作模式

借箸代籌式

1. 對象：單一出版社。

2. 服務內容：全套式企劃服務，從組合套裝產品、擬訂行銷策略、設計及印製DM到品質控管，完整包辦，最後以智慧銀行管道上市販售。

3. 收費：視實際情況面議。

合縱連橫式

1. 對象：多家出版社。

2. 服務內容：智慧銀行選定主題，挑選各家出版社符合該主題的產品，組成書單，並負責重新整合、包裝、行銷，循智慧銀行管道上市販售。

3. 收費：視實際情況面議。

其它

（視個案需求而另議的合作模式）

▌四、通路比較

目前出版社的行銷通路（請參考附圖十四）

智慧銀行的一對一行銷通路（請參考附圖十五）

結論

出版社參加智慧銀行後，增加一條售書通路，而這條通路的消費族群與老通路的族群並不相同，因此是擴大了行銷市場。

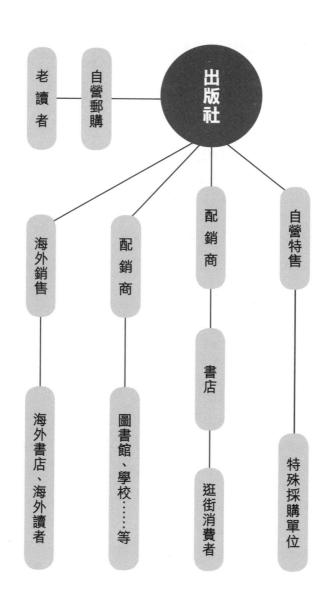

附圖十四

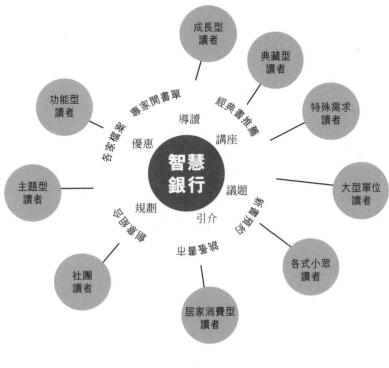

附圖十五

五、機會評估

　　英雄創造時勢，是以契合時勢為前提；現在成立智慧銀
行的條件分析如下：

時機

　　出版社、消費大眾和時代潮流，一致需求新型態的行銷
模式。

1. **出版業界急切尋求生路**：在店頭陳列空間嚴重不足下，幾乎每家出版社都面臨行銷瓶頸，辛苦經年製作出來的書籍，上市亮相數日，便得撤台，更悲慘的甚至連上市機會都付諸闕如，令出版業者氣餒。

2. **購書大眾尋求新消費者模式**：現今的讀者面對三種困擾，一是書海浩瀚，令人迷失其中，茫然無從揀選；二是書市競爭激烈且汰換率驚人，以致許多新書資訊被埋沒，無法接觸，「知的權利」嚴重受損；三是工商社會時間寶貴，經常無暇上街挑書。這顯示現有的書籍銷售模式已無法滿足讀者需求，需要開闢其它管道。

3. **服務業精緻化的趨勢**：台灣無疑已進入服務業興盛的時代，而且會愈趨專業、精緻，文化業也不例外。在小眾聲音逐漸浮現及個別化趨勢下，一體化服務已無法滿足消費者需求，量身訂作式的服務，才是時勢所趨。

現況

近年來，基於客觀情勢需求，出版社紛紛在書店寄售之外，另闢行銷管道，包括自行發展郵購部門，直銷自家書籍。此外，專業經營郵購業務，代售各家書籍的郵購公司，也相繼成立。

這些郵購系統雖然各劃地盤，但以前者而言，只販售自家出版物，以維持生存和溫和成長，態度多半保守；後者則固守商業機能，缺乏積極的、開創新通路革命的氣魄，只停

留在接受委託的階段，看重當下個案的獲利，無意作長遠的規劃和發展。兩者之間，留有大片發展空間。

評估

就客觀勢來看，智慧銀行欲以「郵購模式」行銷書籍，絕對具市場性；雖然在起步上並未占得先機，但是智慧銀行堅持的理想色彩，如：「深度閱讀」理念、「書香社會」理想、「民間大學」遠景，使它具備宏觀視野和強烈企圖心，因此實務操作上多富新意，將是利基所在。

▍六、遠景

智慧銀行採穩紮穩打戰略，先力求站穩立足點，再自點而線，由線而面，逐步擴大經營王國。

（一）近程目標：建立「智慧銀行」品牌知名度

打響「智慧銀行」名聲，廣泛宣揚「智慧銀行」一詞及營運內容，確立其「書族專屬」形象，使出版業界及愛書一族都瞭解它的功能，並樂於善加利用，是短期內的耕耘主力。

此段時期，預計徵求三萬名「智慧之友」為基礎榮譽會員；加盟出版社以十～二十家為理想規模；另尋求二～五家異業盟友合作。

（二）中程目標：確立龍頭品牌地位

以周到的規劃、細膩的服務品質及真正的回饋利益，建立口碑，贏得出版業及閱讀大眾信賴，是中期努力目標。此階段除原有服務項目外，預計增加「出刊雜誌」要項，作為智慧銀行與會員的定期溝通管道。此期加盟出版社應擴及四十～五十家，異業結盟對象亦擴大至八～十家。

（三）遠程目標：「智慧銀行」即民間大學

智慧銀行落實「終身學習、終生增智」理念，積極建構方便終身學習的體系，包括：規劃出各式進階課程，延聘專家授課；將觸角伸入各社區，建立社區據點，方便閱讀大眾購書、取書等。

此期智慧銀行以社會教育工作為己任，將盡全力撒播「活到老學到老」種子，幫助書香社會早日達成。

｜附件一｜智慧銀行十五問

1Q　智慧銀行是一間銀行嗎？

- 它像銀行一樣供人們「儲蓄」，但儲蓄的內容是「智慧」。

2Q　什麼是智慧銀行？

- 智慧銀行是專業的「書」銀行，也是一間愛書族專屬服務中心。它成立的目的，就是「幫助書籍找到合適的主人」及「幫助愛書族找到需要的書」。

3Q　為什麼成立智慧銀行？

- 閱讀大眾非常需要智慧銀行的服務，因為：

    (1) 書太多了，眼花撩亂，不知道如何挑揀。

    (2) 書訊不完整，常常漏失好書，令人懊惱。

    (3) 經常忙得沒時間逛書店，無法買書。

4Q　取名為「智慧」銀行，是否具備特殊意義？

- 是的。廿一世紀的成功決勝點是「智慧」高下，因此智慧就是財富，十分珍貴。書籍是汲取智慧財的重要源頭，智慧銀行經營書籍，等於經營智慧，因此取名「智慧」。

5Q　「智慧」真的可以儲蓄嗎？

- 當然，求智之道無他，多讀書而已，三國時代「吳下阿蒙」的故事，不就是最著名的例子嗎？

6Q　智慧銀行是怎麼運作的？

· 智慧銀行由三大主軸組成，包括「智慧之友」、「讀書顧問團」和「出版社」。

智慧之友：智慧銀行公開招募閱讀大眾為基本會員，稱作「智慧之友」。會員得享受智慧銀行推出的各項服務，包括新書情報、跳蚤書市、購書優惠專案、閱讀導覽、閱讀講座等。

讀書顧問團：智慧銀行禮聘各領域專家組成讀書顧問團，各就其專長為會員開書單、寫導讀、引介新觀念、撰擬閱讀計劃等。

出版社：智慧銀行邀約理念相同的出版社，聯手合作，為智慧銀行產品的主要來源。

7Q　什麼是智慧銀行的營運理念？

· 智慧銀行將努力提供「全方位服務」，並且維護消費大眾「知的權利」。

全方位服務：凡是與「閱讀」有關的需求，從訊息供應到實際供書，都是智慧銀行的責任。

知的權利：幫助大眾認識更多書籍，是智慧銀行的義務。

8Q　智慧銀行的營運內容是哪些？

· 所有環繞「閱讀」主軸的服務。

閱讀訊息服務：提供新書上市資訊。

閱讀規劃服務：主動規劃主題書單、進階書單等，供會員參考。

閱讀導介服務：由讀書顧問撰寫好書導讀、新思潮引介等，幫助會員延伸閱讀視野。

閱讀優惠服務：爭取最優惠的購書折扣，供應會員。

閱讀講座服務：開辦增長智慧的活動，如作家講座、座談會等。

9Q　申請參加「智慧之友」需要具備哪些條件？

- 只要是居住國內的愛書人，不分年齡、性別、身分，智慧銀行永遠敞開大門，歡迎他（她）們加入「智慧之友」行列。

10Q 如何加入智慧之友？

- 填妥智慧銀行印製的「智慧之友申請書」（附件五），寄回智慧銀行，審核通過後，得到一組會員編號，以後根據會員編號享受「智慧之友」權益，並可免費、或以優惠條件、參加智慧銀行舉辦的活動。

11Q 參加「智慧之友」需付哪些費用？

- 智慧銀行開幕之初廣結善緣，目前申請參加「智慧之友」一律免費優待。

12Q 「智慧之友」成員享有哪些實際權益？

- 加入「智慧之友」，立即享有貼心實惠的十二大權益。

領先市場的新書資訊：新書尚未上市，「智慧

之友」已早一步得到通知，充分享受領先潮流的樂趣。

購書的優惠價格保證：所有智慧銀行推出的購書專案，包括未上市新書在內，「智慧之友」能常常享受期限內絕對優惠的真正折扣。

把書店搬回家中：「智慧之友」不必費時費力撥冗出門，只需在家中坐等資訊自動寄到，便能輕鬆悠游書海。

獨家製作的專家選書及導讀：智慧銀行不定期委請讀書顧問製作主題書單，並加附深度導讀，與「智慧之友」分享。此為「智慧之友」獨享的智慧，不在市面流通。

免費獲贈作家簡史：智慧銀行珍惜歷史軌跡，將製作系列作家小傳，免費贈送「智慧之友」，以供累積保存。

免費獲贈出版產業史：同樣基於珍惜歷史原則，智慧銀行亦將製作系列出版社小傳，免費贈送「智慧之友」。

免費參加閱讀講座：智慧銀行不定期邀請作家、專家舉辦的閱讀講座，「智慧之友」可免費參加。

貼心的售前、售後服務：智慧銀行將善盡經紀職責，為「智慧之友」提供最完善的服務。

先收書後付款：除少數特例外，智慧銀行充分

尊重「智慧之友」信譽，確定書已寄達，再收
書款。

百分百退貨保證：「智慧之友」對訂書若不滿
意，智慧銀行保證在期限內回收，絕無爭論。

- 免費享有智慧銀行不定期新增之各項會員權益。
- 免費享有智慧銀行之贊助單位提供之各項會員
權益。

13Q 智慧銀行最大的特色是甚麼？

- 個別化服務與不斷創新。

個別化服務：照顧小眾的需求，使服務更細
膩、貼心。

不斷創新：密切注意時代脈動，更新營運內容。

14Q 智慧銀行郵購體系的立足點何在？

- 智慧銀行力行「讀者第一主義」，永遠置讀者利
益於優先，永遠站在讀者角度思考，所有服務
項目都根據讀者需求產生，因而有：爭取最優
惠購書價格、代覓經典好書、深度導讀、閱讀
講座、進階書單、進階進修課程等服務，並將
視實際狀況，隨時增補。

15Q 智慧銀行的理想藍圖是什麼？

- 智慧銀行的終極目標，是創造優良的終身學習
環境，以鼓舞全民讀書風氣，締造書香社會。
智慧銀行堅信「終身學習，終生增智」理念，
冀盼與大眾分享，並同心實踐。

附件二 | 智慧銀行董事局聘任準則

（一）董事人選

1. 智慧銀行原始發起人為當然董事。

2. 禮聘有心推廣讀書風氣的社會賢達出任董事。

（二）權利與義務

1. 董事為榮譽職，不支薪酬。

2. 每年召開董事會一次，檢討智慧銀行營運成果及日後發展方向。

3. 平日監督智慧銀行的運作，隨時提供建議。

4. 在外代表智慧銀行的形象，努力宣揚「終身學習」的理念。

附件三 | 智慧銀行讀書顧問團聘任準則

（一）讀書顧問人選

1. 大量閱讀而腹笥驚人、見解獨到的閱讀專家。

2. 在專業領域聲名卓越的學者，例如：企管學者、心理學者。

3. 嫻熟出版市場，對出版品瞭若指掌的人。

4. 在政、經、文化等領域卓然有成，具影響力的人。

（二）權利與義務

1. 平日為榮譽職，二年一聘。

2. 不定期受智慧銀行請託，負責開擬書單、撰寫導讀。

3. 按照實際接案狀況，支領薪酬。

|附件四| 讀書顧問聘書

智慧銀行誠聘＿＿＿＿＿＿＿先生／女士為本行讀書顧問，主持本行為會員設計的增智活動，包括：開擬書單、撰寫導讀、主講專題、參與座談等。

讀書顧問為榮譽職，薪酬依實案給付，本行將就能力範圍，竭力優厚，以彰誠意。

讀書顧問採二年一聘制，本屆任期自＿＿＿年＿＿＿月＿＿＿日起，至＿＿＿年＿＿＿月＿＿＿日止。

智慧銀行董事長＿＿＿＿＿＿＿

＿＿＿年＿＿＿月＿＿＿日

|附件五| 智慧之友申請書

我樂於加入「智慧之友」，享受第一年免年費優惠及百分百的會員專屬權益

姓名：＿＿＿＿＿＿＿＿（請用正楷書寫）

性別：□男　□女

出生年月日：＿＿年＿＿月＿＿日

購書偏好：（可重複勾選）

　　　　　□財經企管　□心理勵志　□歷史　□電腦

　　　　　□文學　　　□科技　　　□生活　□語文

　　　　　□社會人文　□休閒旅遊　□藝術　□漫畫

　　　　　□童書　　　□其他

慣常購書管道：（可重複勾選）

　　　　　□書店　　　□郵購　　　□超商　□網路

地址：（宅）＿＿＿＿＿＿＿＿＿＿＿＿＿＿＿＿＿＿

　　　（公）＿＿＿＿＿＿＿＿＿＿＿＿＿＿＿＿＿＿

電話：（宅）＿＿＿＿＿＿＿＿＿＿＿＿＿＿＿＿＿＿

　　　（公）＿＿＿＿＿＿＿＿＿＿＿＿＿＿＿＿＿＿

傳真：（宅）＿＿＿＿＿＿＿＿＿＿＿＿＿＿＿＿＿＿

　　　（公）＿＿＿＿＿＿＿＿＿＿＿＿＿＿＿＿＿＿

　　　　　　　　　申請日期：　　年　　月　　日

｜附件六｜出版社盟約

立約甲方認同立約乙方智慧銀行經營理念，願與智慧銀行結成盟友，以互信互利為基礎，共創新局。

準此原則，立約甲方同意加盟智慧銀行，列名智慧銀行文宣品，並視個案需求，參與智慧銀行活動，本約自立約日起生效，有效期限共計五年。

・立約甲方：

　代表人：

　簽章：

　身分證字號：

　社址：

・立約乙方：

　代表人：

　簽章：

　身分證字號：

　社址：

　　　　　　　立約日期：　　　年　　　月　　　日

⬤ 實例四

某少年雜誌創刊企劃案

名稱：某少年雜誌創刊企劃案

企劃單位：某少年雜誌社

策劃人：周浩正

撰稿人：周浩正

▌ 指導原則

1. 標新立異：不重複他人的內容。

2. 佔奪優勢地位：既爭一時，亦爭一世。

3. 創建一種影響力：給予訴求對象潛在性的滿足。

▌ 希望形成的特色

1. 頁數最厚（二百頁以上）。

2. 小說最多（50％）。

3. 漫畫最多（可達到四十頁以上）。

4. SF特集（小說部分——特色中的特色）。

5. 讀者參與性最強。

6. 內容最具可讀性（趣味性）。

7. 印刷精美。

8. 時髦（現代感）。

架構

基本組成

1. 專輯：以少年們的興趣為選擇題材的準繩（或有平衡〔調劑〕內容剛柔的作用）。

2. 小說（SF特集）：舉凡以小說形式表達的內容，均可容納（例如偵探推理、愛情、武俠、冒險、傳記……等）。

3. 漫畫：包括連環圖畫及益智性漫畫等。

4. 專欄：科學與生活、其他內容，以專欄表現之（內容偏重知識性）。

5. 特稿（每月話題）：以圖片與文字，反映現實存在的問題為主。

6. 少年俱樂部：以讓少年參與及獲得樂趣為主。

7. 其他：包括目錄、劃撥單、廣告……等。

模擬第一期內容（未定稿）

區分	篇名	預定頁數	性質		著眼點	內容概要	基本撰稿人	備註
			創作	翻譯或改寫				
專輯	太空奇幻兵器大展	10		∨	1.讀者喜愛。 2.激發讀者的想像力。	介紹各種奇特幻想中的武器，以殊異取勝。	董×平 黃×松 呂×鐘	每一期換題目
小說	捕熊記	5~8	∨		少年冒險故事	作者（老師）在山地與山地少年捕熊的驚險歷程。	陳×磻	
	井中七日記（中國的鬼故事）	5~8	∨		以詭異、恐怖的故事性取勝。		司馬×× 花某 亮某	每期換題
	題未定	8	∨		偵探推理小說，以吸引部分少年讀者，而養成推理能力。	一個具有「幻視能力」的少女，協助父親（刑警）偵破各種案件。	吳×麗 王×文	連載小說，每期自成單元
	少年親情小說（題未定）	5~7	∨					
	魔戒（現代童話故事）	10~15		∨	與未來卡通市場結合。		朱×華	
	少年楚留香（楚留香的少年時代）（題未定）	10~15	∨		爭取廣告客戶，利用古龍與楚留香的既有知名度。	楚留香少年學藝經過，讓孩子瞭解「吃得苦中苦，方為人上人」及「天下無不勞而獲」的道理，以及一個俠客除高深武藝外，尚需有菩薩的慈悲胸懷。	古龍	連載小說
	SF特集一	∨					蔣×雲	
	SF特集二		∨					
	林黛玉傳		∨				曹×美	

小說	動物故事		∨	∨				
	校園生活故事		∨		與少年讀者的學校生活結合。			
	每月一書 （精摘） （我的七年）		∨		1.將優秀的少年或成人讀物，濃縮改寫，與出版市場現況結合。 2.亦可尋找廣告支持。	王永慶的奮鬥故事（如何從艱苦中成功立業）	鄭××	應與出版社接洽
	偉人傳記小說		∨		1.幫助雜誌內容定型（使老師與家長持贊許的立場）。 2.鼓舞孩子的上進心。		王×文	可與出版社合作（他們正在規劃傳記叢書）
	其他		∨	∨				
漫畫	簡愛			∨	以吸引女性小讀者為主	世界名著改編的漫畫，全書約198頁。	翻譯	
	三國志			∨	以吸引男孩為主	中國名著改編的漫畫，全書約198頁。	翻譯	
	水滸傳			∨	以吸引男孩為主	中國名著改編的漫畫，全書約198頁。	翻譯	
	刺客列傳 ——荊軻 （史記之一）	15		∨	說服家長，吸引少年讀者	敘述荊軻刺秦王的全部史實。	翻譯	
	浮士德 （題另定）	12		∨	說服家長，吸引少年讀者	以趣味的筆法，講述浮士德做魔鬼的門徒的經過。	翻譯	
	活寶六兄弟（趣味漫畫）	12		∨	說服家長，吸引少年讀者	講述六胞胎發生在家裡和學校的有趣故事。	翻譯	
	小頑皮冬冬（趣味漫畫）	2	∨				劉×瓊	

漫畫	題未定		∨			羊×	商榷中
	哪吒		∨			奚×	商榷中
專欄	流行氣象台	3	∨	吸引少女為主	介紹各種時髦的流行物件如服飾、鞋子、髮飾等。		
	青春偶像（每月畫頁）	2	∨	與年輕人的愛慕事物結合	介紹青春玉女型及白馬王子型的影視明星，配合月曆及格言的設計。		
	咪咪手記	2	∨	溝通和安慰的園地	噓寒問暖，閒話家常，説些鼓勵的話。	賴×珠	
	請聽我們說	2	∨	溝通和疏導的通路	讓孩子説出對父母、老師、學校、社會的感想建議	讀者來稿	
	兩性教室	4	∨	灌輸正確的成長期心理與生理衛生常識	以嚴肅的態度、輕鬆的文筆，教導少年瞭解自己的身體及發育期心理上的變化。	王×波（未定）	或直接採用國外資料改寫
	迷你格言	2	∨			林×亞	
	科學快報	2		∨	介紹科學新知	將科學上最新發展和成就，以淺顯的文字與圖片表達，體裁應偏重趣味性。	林×義張×傑楊×世	
	自己來賺零用錢（發財狂想曲）	3	∨	培養獨立個性及錢財觀念	替孩子設想以自己的構想或勞力換取金錢報酬。		
	智商180	2	∨	培養推理及判斷力	以故事或數字做急智與推理遊戲、填字遊戲。	林×義	可併入「少年俱樂部」

分類	欄目名稱	頁數			目的	說明	撰稿人	備註
專欄	唐老鴨時間（電影電視評介）	2~4	∨		提供孩子選擇影片或節目	以公正的態度，評介當月電視電影。	覃×生	應與影片公司及電視台合作
	糗事100	2	∨		提供趣味	每期一個專題 如：「爸爸的糗事」「媽媽的糗事」「我家小貓的糗事」…等。		
	攝影棚（照相123）	2	∨		爭取廣告客戶	介紹攝影基礎常識，並配合趣味攝影加以解說。	謝×德	
	動手動腳（工藝勞作）	4	∨		培養手腳並用的工藝興趣	讓孩子能自己動手製作有趣的玩具或小配飾	張×宗	
	記得當年年紀小	2	∨		趣味性	讓一些知名人物的童年時代與現在的照片做對比，來襯出生命成長的痕跡。	黃×智	
少年俱樂部參與性專欄	輕鬆輕鬆（笑話）	2	∨		提供趣味性	開放給讀者投稿，以笑話為主（包括單幅漫畫）。	讀者來稿	
	友誼圈	2	∨		擴大生活圈	徵友專欄	讀者來稿	
	扮鬼臉比賽（趣味競賽）	2	∨		讀者參與活動	以攝影為主，三月或半年為期之趣味競賽。	讀者來稿	
	值日生日記	2	∨		讀者參與活動	仿學府風光方式，略加改變表達方法，結合文字繪畫與照片，來報導學校生活及活動。	讀者來稿	
	109專線（傻大姐信箱）	2	∨		解決問題，加強雜誌的活潑性	解答少年們生活上各種疑難和知識問題。	傻大姐	
特稿	吸毒（每月話題）	2	∨		反映少年生活層面各種現象	活潑地從生活中尋求與新聞性結合的材料。	阮×忠	作弊 小百科 電動玩具

其他部分包括：廣告10頁、劃撥單2頁、目錄2頁及補白，文案均為內製。

「專輯」部分參考題目

1. 太空奇幻兵器大展。

2. 十八般武器（中國的）。

3. 神仙家庭（未來世界裡的食衣住行）。

4. 恐龍家族（史前動物）。

5. 人腦奇觀（科學新知）。

6. 失去的文明（古代文明）。

7. 白鷺之歌（鄉土飛禽）。

8. 青春的火焰（學生服飾）。

9. 調皮搗蛋大百科（趣味生活）。

10.美麗的毒花（植物常識）。

11.虎！虎！虎！（坦克專輯）。

12.追趕跑跳碰（遊戲介紹）。

▍執行時可能遭到的困難

1. 時間：若是12月1日創刊，時間上略顯倉促（所以編輯內容應盡快確定，以便展開作業）。

2. 稿源：因做計畫編輯，稿源的開闢與掌握，以及與作（譯）者間觀念上的溝通，都不容拖延。

3. 理想與實際脫節，編輯計畫有時會被迫做修正。

4. 其他干擾因素。

|附件一| 現階段少年（兒童）雜誌訴求對象及印刷數量

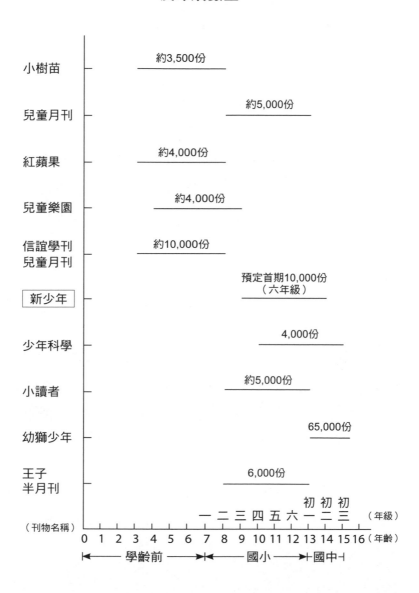

分析：

1. 學齡前兒童閱讀的雜誌部分：(1) 已有四份，總銷售數在21,000冊以上。(2) 都有堅強的支持者或關係企業支助：信誼——由永豐餘何傳支持；紅蘋果——教會支持；兒童樂園——香港出版商；小樹苗——海山出版社。

2. 國中市場目前是幼獅少年獨佔天下，尚無強有力的競爭者（份數達65,000份）。

3. 最薄弱的是國小部分：(1) 目前還沒有一份雜誌具有壓倒性優勢。(2) 現階段各雜誌內容已呈疲軟，無法吸引或刺激讀者。(3) 在升學壓力極重的教育制度下，國小是升學壓力最輕的階段。

建議：

1. 籌辦一份以國小六年級為訴求對象的少年雜誌。前後可各伸延二個年級，以利宣傳。

2. 理由如下：(1) 市場大，競爭力較低（比較而言）。(2) 讀者已具自由支配零用金的權力。(3) 少年雜誌可涵括兒童；以兒童為名（或對象）的雜誌不易涵括少年讀者。因為小孩子有急著長大、被視作成人的傾向。(4) 這層學生最富想像力，性向未定，對各種題材較易接受，可塑性大。(5) 部分雜誌野心太大，企圖在內容上包容高、中、低年級，以廣拓讀者群，結果並不理想（如王子曾刊出動物樂園）。(6) 國三升學壓力太大，不宜作為訴求對象，故乾脆放棄。

｜附件二｜各重要少年（兒童）雜誌內容剖析比例圖（抽樣）

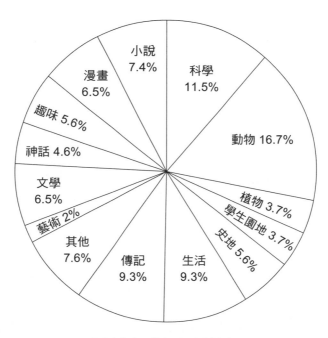

小說
7.4%

科學
11.5%

漫畫
6.5%

趣味 5.6%

神話 4.6%

動物 16.7%

文學
6.5%

植物 3.7%

學生園地 3.7%

藝術 2%

史地 5.6%

其他
7.6%

傳記
9.3%

生活
9.3%

幼師少年「內容比例圖」

說明：

1. 幼獅少年本身區分內容為四大組：(1) 文學、(2) 生活、(3) 趣味、(4) 科學。

2. 全書內容偏向知識性。

3. 經較詳細剖析後，性質呈多樣化，是一份稍偏重科學與生物方向內容平均的少年雜誌。

4. 全書厚104頁。

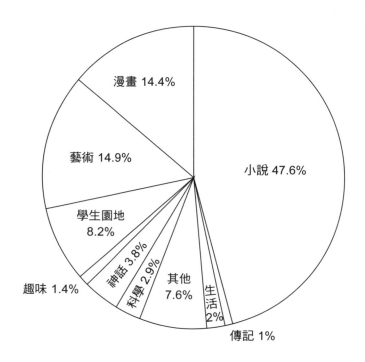

王子半月刊內容比例圖──早期（16開）時期抽樣

說明：

1. 早期王子曾達到四萬份之印刷數量。

2. 小說比例幾佔一半。

3. 日本材料運用過多。

4. 全書厚208頁。

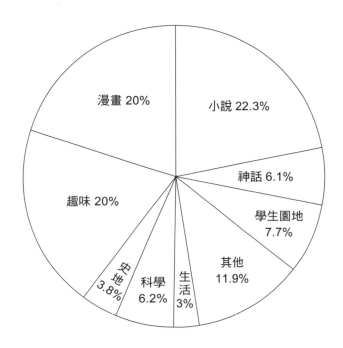

王子半月刊內容比例圖——近期（25開）時期抽樣

說明：

　　1. 近期所標榜之編輯方針為：(1) 中國的、(2) 生活的、
(3) 現代的、(4) 趣味的。

　　2. 內容比例平均，偏向通俗化、生活化、趣味化。

　　3. 抄襲日本的材料太多。

　　4. 全書厚130頁。

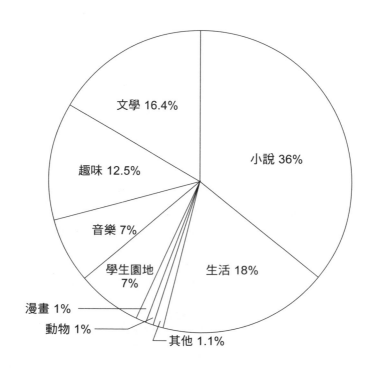

小讀者內容比例圖（抽樣）

說明：

    1. 以創作路線為主，近期亦開始引進少量日本漫畫。

    2. 小說雖多，卻缺乏趣味，可讀性低，不太受小讀者歡迎。

    3. 內容分配尚稱勻稱，漫畫較弱（最近數期正連載丁丁歷險記）。

    4. 全書厚128頁。

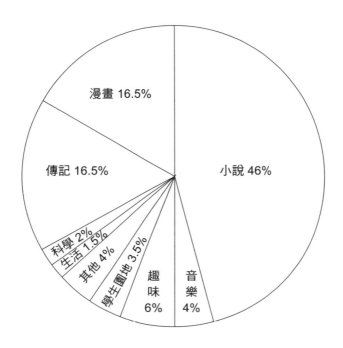

學友雜誌內容比例圖（抽樣）

說明：

1. 內容分配有重點，小說、傳記、漫畫幾乎已佔去五分之四。

2. 內容編配活潑、創作多、抄襲少，以目前水準觀之，仍屬高水準，而且具有競爭力的雜誌。

3. 印刷不甚精美，是最大缺點。

4. 全書厚200頁。

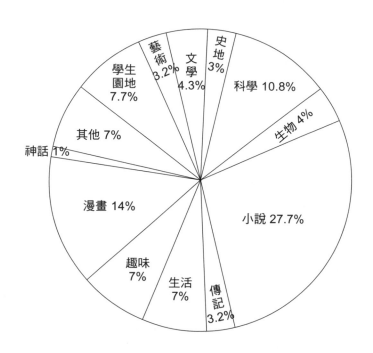

各少年（兒童）雜誌內容實際平均比例分布圖

說明：

　　1. 本圖根據19份雜誌內容歸納出的分布概算圖，主要價值在瞭解各部分在全體中之比重，可供決定編輯方針時參考。

　　2. 影響真確性的因素：(1) 其中有專業性雜誌、(2) 有失敗雜誌、(3) 主編者主觀意願的錯誤決心。

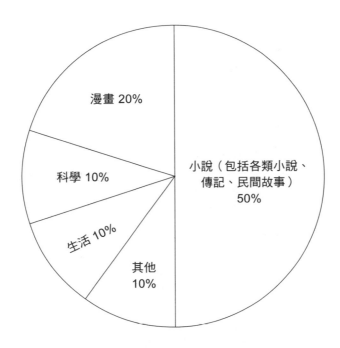

建議（理想中）的內容比配圖

說明：

1. 本圖比例依據學友與王子半月刊（早期）及個人經驗歸納所得。

2. 本圖僅為一參考圖式，做為編輯方針釐定時之依據方向，詳細比例仍需依實際稿件情況，再作彈性修正。

3. 所有內容應盡可能依趣味性為主要選擇的標準。

綜合分析

1. 從上面分析中,清晰地看出曾經成功過的王子半月刊(早期)與學友雜誌,在內容上都偏重於小說形式來表達,以增加可讀性。對漫畫亦非常重視,由〈小說〉與〈漫畫〉形成主要枝幹。

2. 另一項有趣的事實是,一直沒有起色的「小讀者」,在內容上對小說亦予以相當重視,結果卻並不理想,翻閱雜誌內容後,可能的原因為:

(1) 受到編者個人素養的限制(主觀形成的偏差,在選稿上有了失誤),所選之作品,不具吸引力。

(2) 編排與美工設計上的呆滯不活潑。

3. 由各項圖式所知:

(1) 要有編輯方針(根據雜誌的創辦宗旨而來),進而擬訂編輯計畫。

(2) 平均主義的內容分配,往往失去特色。

(3) 內容要形成特有的(而且是一貫的)風格和氣質。

(4) 編者對稿件的「感應」,形成編者與編者之間的差異性,所謂的高下或由此而來。

(5) 美工設計有其不可忽略的重要性。

4. 由內容比例圖表上,可看出各項內容在編者心目中的地位,亦或多或少反映了讀者需求及社會需求之傾向及優先次序:小說→漫畫→科學→學生園地→趣味的、生活的、

其他的→文學（散文與詩歌）→藝術、傳記、史地→神話

說明：

1. 限制條件：漫畫佔篇幅不可超過五分之一。

2. 科學常識排列第三序位，表示一般讀者喜愛科學上的日新月異──這種新奇感是吸引讀者的動力；一則在滿足小孩對這方面知識迫切的渴求。

3. 學生園地排列第四，是讀者需求參與感。

｜附件三｜雜誌形式（開本）分析表

1. 在收集及所知的二十二種雜誌中，各開本所佔比例如下：

開本	32開本	25開本	16開本	其他開本	合計
份數	6	5	6	5	22

2. 曾經銷售到貳萬本以上的雜誌，開本及厚度如下頁附表。

3. 由分析及經驗所得：

⑴ 開本大小與銷售無直接與絕對的關係。

⑵ 厚度──與銷售可能有關：

・學友與王子半月刊均為民營，必須靠盈利生

存，而厚度都在二百頁以上。

- 今日少年由味全公司支持，全部捐贈各國小學，不以營利為目的。

- 幼獅少年由救國團支持，由各國中班級集體訂購。

(3) 假如我們不走零售路線，建議開本及厚度為：

32×212（內含封面4P彩色16P）

雜誌名稱	開本	厚度（頁數）	備註
學友	32	200	1. 最高銷售45,000份。 2. 目前已停刊。
王子半月刊	16	208	1. 最高銷售40,000份。 2. 後改為32開，又改為25開，目前約7,000份左右。
今日少年	25	104	1. 每期印20,000份，完全贈閱由味全支持。 2. 第九期後改32開。 3. 目前已停刊。
幼獅少年	25	104	1. 每期約65,000份，救國團支持。 2. 計畫增加32頁內容。

| 附件四 | 曾銷售二萬份以上的雜誌成敗因素分析

名稱	優點 （成功的原因）	缺點 （導致失敗的原因或潛在的危機）
王子半月刊	1. 當時無一份震撼性的、壓倒性的少年雜誌。 2. 編輯方針正確。 3. 開本及厚度十分搶眼。 4. 發行成功。	1. 經營者轉投資印刷業，周轉失靈。 2. 內容方面受制於日本資料，始終無法突破。 3. 適逢能源危機，被迫改版。 4. 廣告業務未能拓展。 5. 續辦幼年、公主，大失策。
東方少年	1. 當時由游彌堅支持，故獲教育廳支持，有半官方色彩。 2. 內容保守，較受家長歡迎。 3. 叢書發展形成方向。	1. 失去教育廳支持。 2. 在社會上的自然競爭力不如學友。 3. 內容趣味性不夠。
學友	1. 國內第一本少年雜誌。 2. 贈品與附冊攻勢成功。 3. 內容吸引人。 4. 透過學校宣傳。	1. 經營者轉投資印刷業，造成周轉不靈。 2. 辦大眾學友失敗。 3. 廣告業務未拓展。
今日少年	有大財團（味全）支持。	1. 人事傾軋，不穩定。 2. 編輯方針零亂，內容不佳。 3. 第九期後改開本及紙張，經營者已失去鬥志與信心。
小學生	1. 省教育廳支持台灣書店經營。 2. 當時沒有競爭對象（40年前）。 3. 以團體訂戶為主。 4. 初期信賴專人負責。	1. 在學友、東方少年、良友、新學友之競爭下，本身沒有改進，情況不佳。 2. 何時結束不詳。
幼獅少年	1. 救國團支持。 2. 印刷精美，在國內第一流印刷廠印製。	1. 訂戶透過各縣市救國團委員運作爭取，易生變數。 2. 內容缺少變化，內部作業提前二個月，不宜與時效性稿源配合。 3. 自然競爭力弱。

房地產行銷與廣告企劃案

名稱：房地產行銷與廣告企劃案

撰稿人：郭兆賢

參考資料：成功推銷個案精選

▌一、考慮的要點

在撰擬房地產行銷與廣告企劃案時，不論你要銷售的是公寓、高樓大廈，或是洋房、別墅，都應考慮到下列二十個項目。

1. 座落地點：城市或鄉村？地段如何？在大馬路旁或巷道中？

2. 建物的座向：採光？通風？格局？

3. 四周環境：市場、學校、車站、公共設施等？

4. 馬路與交通狀況：馬路或巷道幾公尺？單行道、雙線道、四線道或八線道？附近是否有捷運？公車？客運？公路局？

5. 坪數：土地總坪數？建物坪數？每戶坪數（從幾坪到幾坪）？陽台坪數？公共設施坪數？若是大樓，樓高？樓

長？樓寬幾公尺？

　　6.　功能：多功能或單一功能？純住宅或住商各半？

　　7.　建材與隔間：建材為上等、中等或雜牌？隔間材料（磚塊或木板）？門窗材料（鋁窗或木窗）？屋頂隔熱？屋頂防水？

　　8.　附屬設備：電梯、消防設備、逃生梯、自動發電設備、防盜器、對講機、廚具、壁櫃、地毯、衛浴等？

　　9.　停車場：是否具備？在地下室或頂樓？平面式或機械式？車位是出售、出租或免費？

　　10.建物土地成本？市價多少？公告地價？

　　11.建物建造成本？

　　12.售價：建物總售價？每戶售價？每坪售價？總平均價？最低售價及最高售價？

　　13.付款辦法：訂金多少？簽約金多少？分幾期繳款？每期繳多少錢？繳款相隔期間？一次付清之優待？

　　14.貸款：期限？利率？每月應付本金多少？利息多少？無貸款之優待？

　　15.產權：建主名稱？地主姓名？合建？自地自建？買斷再建？委建？產權是否清楚？

　　16.建主：信譽？人格？

　　17.工程：何時開工？何時完工？目前進度？

　　18.建物本身的優點？

　　19.建物本身的缺點？

20.訴求對象：從上述資料預測可能購屋的對象。

▌二、五大影響因素

（一）趨勢的消長

按理說，經濟不斷地發展，生活水準持續提高，人口逐漸增多，對房地產的需求應是有增無減。然而在經濟不景氣時，民眾投資意願薄弱，寧願將資金存入銀行生息或投入外幣時，房地產就趨於低迷。

另外閒置的空屋太多，造成供給遠大於需求，也會影響房地產的銷路。譬如說，台灣中南部地區多年來空屋一直居高不下，因此每一波房地產有行情，大都發生在北部地區（台北市、新北市以及桃園為主），而中南部一直沒份。

（二）週期性的變動

長期觀察台灣的房地產就會發現，週期性的變動明顯。從長期觀之，大約每六年會有一個循環（指從底到頭而言）；從短期觀之，每年的三月、四月、九月、十月又會有些小波動。但近年來此一循環已不明顯，最近一波的行情大約是從2003年開始起漲，大約漲到2011年春季因開徵奢侈稅才到頭，前後約八年才從底走到頭。可是2003年之前的空頭卻走了長達十三年。

（三）季節性變動

　　房地產原則上不受季節性變動的影響，只是每年到年關前後，市場銀根較緊時，房地產交易呆滯，形成度小月的現象。

（四）同業間的競爭

　　附近地段競爭性產品推出的售價、推銷方法、促銷技巧、品質的比較、服務態度的優劣等。

（五）政府的措施

　　政府對利率的態度（提高或降低），稅務措施（低稅或增稅）或是購屋貸款成數的多寡，都會立刻影響到房地產。

▎三、房地產基本的專業知識

A. 房屋的型式和地點

（一）房屋的型式，地點與置產者的關係

　　建築是躍動的生命，繁榮的表徵，建築物直接影響到人的情感和知覺，創造了人們居住的生活環境。更進一步地說，建築物塑造了人的個性，使人們在社會上所受的壓力，在建築物內得到了充分的解脫，給予人們一種舒暢、豐美的感覺。因此，建築物在吾人的眼光中，並非是一磚一石架構而成，而是賦以風格及人性方能成就，而其中最能代表建築物的風格者，乃是房屋型式。

地點的座落非常重要，因為人們居住的最高心願，乃是在追求生活的方便。人是不能離群獨居的，「地點」的選擇給予人們在事業上、生活上以及人際關係、風俗習慣上得到莫大的成就與安慰，房屋的價值更是根據地點的座落而決定者。

房屋的型式和地點與購屋置產者的個人意願，具有極密切的關係，做為一個房地產行銷廣告企劃及銷售策略的從業者，不能不注意及此。

（二）房屋的型式

1. 房屋型式以外型來分類，有連棟式、集體式、零散式、獨棟式及雙併式。

2. 以用途來分類，有住宅型、店舖型、四樓公寓型、別墅型、純住宅大樓型、商業大樓型、多功能大樓型、商店住宅大樓型、樓中樓大樓型等多種型式。

（三）房屋的地點

地點的座落，必需具備如下條件，方稱得上理想住宅。

1. 市場及學校在步程五～十分鐘內：市場乃方便主婦購買一家主食的地方，在百公尺內最適合；學校（指國民小學）在居家附近，學童上學方便。故有些房屋出售廣告特別強調學校及市場，有人更以居家附近，學童上學方便。故有

些房屋出售廣告特別強調學校及市場，有人更以「孟母三遷」為廣告標題，強調學校就近在咫尺的重要性。

　　2. **公共設施完善**：水電等一應俱全，最好有公園、運動場和購物中心等公共設施。

　　3. **交通便捷**：交通便捷是購買置產的先決條件。

　　4. **房屋座向**：最好是座北朝南的房子，冬暖夏涼；座西朝東，旭日東昇，精神舒暢。以上兩種較受歡迎，相反的，座南朝北，則冬寒夏熱；座東朝西，有西曬日，較不受歡迎。

　　5. **地勢選擇**：地勢高亢，無淹水、浸水之虞，如以前的汐止與蘆洲，一向發展有限，即由於地勢低窪，每有淹水之患。

　　6. **增值潛力雄厚**：一般而言，都市發展已達一定的飽和，則增值率較緩，如台北西門町、高雄鹽埕埔；若尚在開發中，而且已具有發展徵兆，則增值率較快，如新北市周邊、桃園地區。

B. 房屋的隔間與裝潢

　　房屋的隔間與裝潢，乃是一般所習稱的「室內設計」。室內設計是一種綜合色彩、機能、材料、布局的藝術。建築物所以能解脫人生在社會上所受的壓力，以得到豐美、舒暢的感覺，室內設計佔很大的比重，它和人類生活的美化，有著極密切的關係。

　　室內設計應以建築物的整體性為著眼點，必須考慮到建

築物的機能、用途、空間和室內各個分子的喜好來做總體性的設計，而不能為狹隘的「室內」所拘束。

（一）隔間

　　室內隔間可分為客廳、起居室、主臥室、副臥室、書房、餐廳、廚房、浴廁、玄關、貯藏室、陽台，這些格局以動線為主要動脈，貫通到各個獨立而靜態的空間。

　　1. **客廳**：客廳為社交活動的主體，為居室各份子接待賓客的地方，必須輕快、明朗而活潑，方能造成愉快洽談的氣氛。它是以一組沙發為中心，電視、壁爐為交點，構成客廳的主體。它的尺寸應以寬三·五～四米，長五～六米為最普遍，整體面積約七～八坪為標準（*以家庭五至六人計*）。

　　2. **起居室**：起居室為家人娛樂中心，融洽地點，應有私密性與開放性的特質。然而目前一般大樓、公寓的格局，皆將客廳和起居室合併為一。

　　3. **主臥室**：主臥室為居室主人夫婦睡眠、休息和隱私的地方，必須具有絕對的私密性，以雙人床為中心點，不宜面對光源、出入口，動線應以便捷為主，一般的以四～五坪為標準。

　　4. **副臥室**：為子女休息、睡眠和閱讀的地方，一至二人應有三坪半左右，應鄰近主臥室為宜。

　　5. **書房**：為主人讀書、進修的地方，應具有充足光源及高度寧靜，以遠離客廳及廚廁為宜，一般皆以多餘的副臥

室為書房。

6. 餐廳：餐廳為三餐進食的地方，約以三坪左右為宜（以五至六人計），通常客廳與餐廳以不甚明顯的動線相分割。

7. 廚房：廚房為主婦活動的主要空間，古人有謂：「君子遠離庖廚」，故廚房必需安置於隱密的角落，然必須通風良好，通常以二～三坪左右為宜（以三十五坪的室內整體面積計）。

8. 浴廁：三個臥室以上應考慮有兩套衛生設備，通常以一‧三坪左右為宜。

9. 玄關：玄關為室內動線的起點，至少應有更衣、換鞋的迴旋餘地，約以〇‧五坪左右為宜。

10. 貯藏室：貯藏室不一而定，通常為放衣擺鞋及放置一切雜物，其依附在每個牆壁的內緣，有壁廚、壁櫃、及鞋架等。

11. 陽台：陽台採光的主要地方，其坪數依興建規劃而定，有些房屋省掉「陽台」的設施，較合乎經濟原則。

當然各個空間的單元，並非是一成不變的，乃是根據房屋性質及座落位置，以及其它種種原因而產生不同的格局；依聯合國人口統計計算，每人在地球上所佔的面積應以五坪左右為最低標準，低於此標準則顯得擁擠。

（二）裝潢

　　室內裝潢為一專門性學問，因不涉及教材範圍，本節僅就其原則上問題，做概括性的論述。

　　1. 機能：室內裝潢首先應考慮房屋空間的機能性，譬如：是一般住宅呢？或是辦公廳、樣品屋？

　　主人的喜好是中式呢？西式呢？或古典式？現代式？裝潢主題是暖色呢？或冷色呢？同時必需依客廳、餐廳及臥室的不同機能而做選擇。

　　2. 色彩：色彩在室內裝潢中佔有很大的比重，由於其本身豐富的變化，而能給予室內各主體顯出極大的不同。人乃是住在色彩繽紛的世界，色彩的選擇直接影響人的情緒和性向。

　　白色代表光明、純潔；紅色代表興奮、熱情；黃色代表高雅；紫色顯得高貴；黑色有穩重氣質；橙色則令人激昂。色彩學變化甚多，不一而足。

　　3. 照明：光源是照明的基本，室內空間欲顯得明朗而輕鬆，照明是重要的因素。自然光和人工光（燈光）必需充分配合，方能控制氣氛、製造情調。

　　4. 材料：建築材料尤其是室內裝潢材料種類甚多，但必須要考慮其質感，不見得昂貴的材料才能顯出裝潢的特色，其變化端在匠心之獨運。

C. 房屋的建材

建築物之所以成為建築物，乃是由於建築材料之設計及質感所賦予。建材種類繁多，不勝枚舉，加上工業化的衝擊，建材製造業本身也在求新求變；同樣是一幢大樓的建築，每坪售價有從數十萬元到數百萬元之差，其理由除了土地價格之差別外，其餘就在建築使用材料之不同而異了。

1. 結構體：基礎、樑柱、樓板、外牆、地下層均為鋼筋混凝土構造，鋼筋若為光面鋼筋應為六公釐，竹節鋼筋應為九公釐，混凝土以預拌混凝土為標準。

2. 牆壁：為鋼筋水泥加磚造，磚用中等以上堅實紅磚，外部正面貼釉面彩色馬賽克或大理石板，內牆並噴P.V.C.漆（塑膠漆）。

3. 平頂：應以一比三水泥粉刷，噴P.V.C.漆。

4. 陽台：地面貼紅鋼磚或馬賽克，水泥欄杆前面貼馬賽克，後面欄杆洗石子。

5. 樓梯：水泥磨石子樓梯、鐵花欄杆，紅色P.V.C.扶手或硬木扶手。

6. 屋頂：應用防水、隔熱材料，防水舖油毛毯至少應三層以上，並用泡沫混凝土隔熱。

7. 地面：先以磨石子為主，再舖上櫸木拼花地板或地毯。

8. 隔牆：內部隔牆採防火石膏板間隔。

9. 浴廁：貼磁磚到頂，并裝置F、R、P（玻璃纖維）浴缸，坐式抽水馬桶、洗面盆、電插座及冷熱水龍頭設備。

10. 門窗：前門採用實心雕花門，後門採繪木實心門，窗戶採鋁製門窗（有南亞、中華、大同等牌），玻璃尺寸為五公厘。

11. 廚房：一律貼磁磚或舖防水、防火耐美氈；廚具應為不銹鋼，省產為SUS24的不銹鋼廚具，有上下四套、六套及八套者。以和成牌、TOTO牌較著名。

12. 電氣：全部暗線裝備，應有電燈、電表、電插頭、電鈴、電開關及電話線暗管，屋頂並有電視總天線。

13. 電梯：外國各廠牌電梯，為電腦控制無段變速。

14. 空調設備：通風為住宅的要件之一，如自然風效果不佳，則人工的空調設備是必要的。冷氣機效果較佳，但一般中央冷氣系統往往使天花板的高度下降甚多，造成壓迫感。

D. 房屋稅法基本知識

房地產交易買賣的發生，其中最令人關心而困擾的問題，就是稅捐的負擔，而所有的稅捐中，最重要的乃是契稅與增值稅。本節擬自此兩種稅目分別予以分析：

（一）契稅

1. 契稅的意義：契稅為不動產因買賣、移動、分割等變動而登記。其結果於土地建物登記時所課徵之稅。依契稅

條例規定，不動產之買賣、承典、交換、贈與、分割或因占有而取得所有權者，需申報契稅。

　　契稅之稅率，按一般不動產買賣之情形，本稅為契價（即按買賣契約所載價款）之7.5％，加徵教育捐贈研額之30％，監證費1％，印花稅0.4％，以上合計稅率高達10.95％，換句話說，買一間價值五百萬元的房子，必需要多負擔五十萬元左右的稅捐。

　　2. 契稅種類：我們現行的契稅共有六種，其稅率自2.5％至7.5％不等，分述如後：

　　　　(1) 買賣契稅─為現行一般建設公司建屋出售及私人間互相交易房屋買賣者，其稅率為契價的7.5％。

　　　　(2) 贈與契稅─為贈與人與受贈者互相接受而課徵，其稅率為契價的7.5％。

　　　　(3) 占有契稅─因占有不動產並依法取得所有權而繳納之契稅，其稅率為契價的7.5％。

　　　　(4) 典權契稅─為某甲支付典價給某乙，而占有某乙之不動產，並取得使用收益之權。其稅率為契價的5％。

　　　　(5) 交換契稅─即私人間互相以房地產交換而課徵之稅，其稅率為契價的2.5％。

　　　　(6) 分割契稅─即某一特定之不動產，由甲、乙兩人共同持有，現兩人欲將其不動產分割，如甲取得一樓所有權，乙取得二樓所有權。則其因分割而

取得之不動產，需因其價格而課徵契稅，其稅率
為契價的2.5％。

契稅之繳納，應在取得不動產三十日內填具契稅
申報書，納稅義務人接到主管稅捐機關之繳納通
知後，在一個月內繳納完後，方能取得不動產之
所有權狀。

3. **委建名義逃避契稅**：契稅的徵收，一直困擾著客戶
及建築商，因之，乃有合法逃漏契稅的不良實例存在。只要
建築執照之起造人與請領使用執照之使用人名義相同，即不
需繳納契稅，因之乃有「委託代建」的名義產生。

「委託代建」即建築商在覓得土地之後，於申請建築執
照之前，先公開徵求委託代建客戶，隨後即以委建人名義請
領建築執照，並以委建人為起造人，俟房屋復工，請領使用
執照，申請登記發給所有權狀時，其使用執照上與建造執照
上業主名義相同，就無需繳納契稅；因其為合法，故有意者
趨之若鶩，但也因此產生了不少的問題。

（二）土地增值稅

土地增值稅為土地因社會工商的進步，或土地改良工程
等原因而自然漲價，其漲價部分因之以課徵稅金者。

土地增值稅乃是按累進稅率而課徵的，最高稅率為
80%，其規定之累進稅率如下表：

級別	自然漲價額差距	稅率	累進差額
第一級	土地漲價總額超過原規定地價或前次移轉時之申報現值未達一倍者。	20%	零
第二級	土地漲價總額超過原規定地價或前次移轉時之申報現值未達兩倍者。	40%	（原申報地價或前次移轉時申報現值）×0.2
第三級	土地漲價總額超過原規定地價或前次移轉時之申報現值未達三倍者。	60%	（原申請地價或前次移轉時申報現值）×0.6
第四級	土地漲價總額超過原規定地價或前次移轉時之申報現值在三倍以上者。	80%	（原申報地價或前次移轉時申報現值）×1.2

土地增值稅額之徵收額＝土地自然漲價總數額×稅率－累進差額。

　　例如：某甲有一塊土地十坪，85年公告地價為每坪一千元，90年公告地價為每坪一萬元。某甲於五年後從未轉手過，九十年間賣給某乙，則某甲為出賣人，自應繳納土地增值稅，其稅額計算如下：

1. $10,000元×10坪=100,000元

   移轉時公告現值×土地面積=移轉時公告地價總值。

2. $1,000元×10坪=$10,000元

   原公告地價×面積=原公告地價總值。

3. $10,000元－（$10,000×120/100）＝$88,000元

移轉時公告地價總值－原公告地價總值

×九十年物價指數＝漲價總值。

4. $88,000÷10,000=8.8倍

即較原地價上漲八・八倍。

5. $88,000×80／100－$10,000×1.2＝$58,400元

土地漲價總額×稅率－累進差額＝應繳納土地增值稅

（假定該土地無准予抵繳之土地改良費）。

故某甲應繳納土地增值稅為$58,400元。

以上為土地增值稅課徵計算之辦法。

┃ 四、定價策略

（一）定價的原則

1. 參考類似建物行情。

2. 調查附近建物的售價。

3. 正式公開前先私下預售，視反應情況再決定售價。

4. 先決定總平均價格，再決定各戶價格。

5. 方位格局較佳的戶數，價格提高；方位格局較差的

戶數，價格降低。

6. 貸款與公共面積部分，視情況略予提高或降低，以

利銷售。

7. 可分批銷售，當第一批搶購一空時，第二批可提高售價。

（二）高價法

所謂高價法，顧名思義，就是在消費者可能接受的範圍內，採取較高售價的定價策略。

房地產採用高價法必須有下列三個條件：

1. 必須是產品的市場競爭性較少。

2. 該產品必須有獨特性。就房地產而言，是指地段環境特佳者。

3. 投資公司的企業形象良好，資金雄厚，知名度高，從未發生購屋糾紛。消費者會願花較高的價格向這種公司購屋。

介紹成功個案：西門町獅子林新光商業大樓

1977年初，新光企業在西寧南路、漢口街、武昌街的交會點，推出獅子林新光商業大樓，該公司根據市場調查得知，西門町有很多商店都是用租的，而且租金與押金都很高，經營不太容易，很多的商店老闆渴望擁有自己的店面，再加上該大樓又是西門商業鬧區僅剩的最大一片空地（約一千三百零五坪），該公司於是將大樓的一至三樓規劃為商店街，每個銷售單位面積從五至十八坪，並採取每坪五十二萬

的高價法（當時西門町市價為每坪四十萬元）。

　　此案在推不到一個月，銷售高達九成以上，可以說是非常成功的高價策略。此高價案成功的主要原因有三：

　　1. 地段環境特佳，購買者認為以這種地段環境，雖然售價高於行情三成，但考量未來店舖收益，仍然有利可圖，乃斷然買下。

　　2. 西門町是商店的黃金地段區，店面大都是出租的，要購買的機會很少，而該區又是西門町僅剩的最大一片空地，機會難得。

　　3. 新光是國內知名的財團，信譽卓著，不曾有購屋糾紛，讓買者願意以高價購買。

（三）低價法

　　所謂低價法，顧名思義，是採取低於一般行情的定價策略。一般說來，房地產的正常利潤大約在二成左右，若是降低正常的利潤，以一成半、甚至一成的利潤推案，即屬低價法。

　　房地產是屬於價格需求彈性高的產品，也就是說，在房地產銷售活動中，降低價格可以大量增加銷售。因此，在考慮定價策略時，地段絕佳者，固然可以採取高價法，那麼地段較差者，即可採取低價法。

介紹成功個案：保固聯合大廈與欣欣玫瑰大廈

1975年的下半年，台北市房地產交投清淡，在一片滯銷聲中，保固建設的聯合大廈與南亞建設的欣欣玫瑰大廈，都以低價法造成搶購，創造暢銷高潮，引起建築界的注目。

當時，同地段的大廈每坪行銷大約在四萬左右，而聯合大廈每坪平均只有二萬九千元，低於行情價一萬一千元；欣欣玫瑰大廈每坪平均價三萬元，低於行情價一萬元。這兩個超低的個案，不但嚇壞同行，轟動房屋市場，而且在滯銷的房屋市場異軍突起，銷售一空。

要採取低價法，必須有一個先決條件——設法壓低房屋的造價成本，業者必須從施工的成本（譬如用節省時間的預鑄新施工法）與節省建築材料或出售不隔間的「陽春屋」上，盡量降低造價成本。

當面臨單價無法降低，又要採取低價策略時，則只有變更房屋設計一途，設法縮小每戶坪數（譬如說，原來每戶二十坪，現在變更設計，縮小為每戶十五坪），利用較低的總價數來吸引購屋者。

▎五、廣告企劃

在房地產銷售企劃案中，廣告是輔，銷售是主；廣告是手段，銷售則是目的。使用手段，就是為了達到目的，一切廣告的訴求只是在引起購買者的注意、興趣、慾望、記憶，

最後達到銷售（即購買者採取行動）的目的。

（一）廣告企劃三階段

　　房地產的廣告企劃因訴求目的之不同，可區分為下列三個階段。

　　1. 認知階段：在這個階段，廣告的重點在於介紹建物給大眾，設法引起他們進一步洽詢的意願，甚至到現場參觀。這時使用的主要媒體是電視與報紙。

　　2. 偏好階段：在這個階段，廣告的重點在於促使購屋者對推出的建物產生偏好，因此廣告的內容必須切入主題，廣告時間必須密集而緊湊，廣告的目標必須更明顯集中。這時使用的主要媒體是廣告函件（即DM）與精美說明書。

　　3. 購買階段：在這個階段，廣告的重點在於配合各種促銷活動，使購屋者的情緒沸騰到最高點，達到銷售的目的。這時應以精美的樣品屋（或實品屋）來代替其他廣告媒體。

（二）廣告企劃的內容

　　房地產的廣告企劃不一而足，一般說來，必須包括下列十四個項目：

　　1. 地段分析。
　　2. 環境認識。

3. 行情調查。

4. 建物外型設計，內部隔間，建材選用。

5. 建物用途。

6. 建物成本及售價。

7. 訴求對象。

8. 媒體尋求。

9. 激發創意。

10.訴求主題的表現。

11.廣告設計及製作。

12.廣告預算。

13.效果測定。

14.廣告總檢討。

（三）廣告企劃五大原則

在撰擬房地產廣告企劃時，必須掌握下列五大原則：

1. **先從優良建物開始**：不做廣告不能成功的個案，做廣告亦難成功，不能一切僅依賴廣告。

2. **廣告文案精益求精**：尋求千錘百鍊、富有創意的廣告文案。

3. **有效利用廣告媒體**：根據各種媒體的反應調查，選擇最有效的廣告媒體。

4. **廣告重視集中與重複的原則**：對於有訴求價值的對象，必須集中廣告火力，不斷衝擊，反覆轟炸。

5. 利用促銷手段：妥善舉辦樣品屋或實品屋的展示，或是舉辦室內裝潢設計展覽等。

六、人員推銷

　　房地產行銷與廣告企劃案主要包括人員推銷、促銷活動、廣告企劃三大部分，三者就好比是陸海空聯合作戰一樣，必須密切配合，人員推銷相當於陸軍，促銷活動是海軍，廣告企劃是空軍。其中又以人員推銷最重要。房地產的人員推銷包括接待中心、人員培訓、客戶接待、櫃檯說明、工地解說、客戶心理、名冊追蹤等，茲分述如下：

（一）布置接待中心

　　工地接待中心是房屋買賣成交之處，因此必須在布置上巧費心思，諸如：建築執照、建築物透視圖、建物模型、工程進度表、銷售表，使用建材展示等，都必須懸掛或放置在顯眼之處。另外，接待中心的裝潢應力求淡雅、樸實、穩重，這樣才能使購買者產生信賴感與安全感，進而促成購買。

（二）培訓銷售人員

　　與銷售其他商品一樣，房地產銷售人員必須對要銷售的建物有全盤的瞭解與深刻的認識，譬如說：建物的地段、座

向、四周環境、交通狀況、坪數、建材、停車場、售價、付款辦法、本建物優點的強調與缺點的突破等。

（三）面對顧客的態度

房地產屬於耐久性、理智型的高價位商品，許多人一輩子可能僅購買一次，因此銷售人員在面對顧客時，一定要秉持耐心與誠懇向顧客做詳細的說明，這是最重要的態度。

（四）櫃檯接聽電話技巧

在櫃檯接聽電話時，必須針對顧客的問題簡潔扼要的說明，最好設法誘導他到工地參觀。

（五）工地解說技巧

工地的說明務必求具體而實在，若工地建有樣品屋，則應帶顧客至樣品屋參觀，以刺激購買慾。另外，銷售人員應從顧客的反應中，掌握顧客關心與感興趣的重點，從中切入加強推銷。

（六）顧客心理分析

顧客依購買能力與購買意願，可區分為下列四個類型：

1. A級顧客：這是指既有購買能力，又有購買意願的人。對於A級顧客，銷售人員必須掌握機會，在最短期間內

促其購屋。

2. B級顧客：這是指有購買能力，但購買意願不高的人。對於B級顧客，銷售人員應盡量強調建物的優點與特性，以刺激其購買慾。

3. C級顧客：這是指雖然購買能力不足，卻有購買意願的人。對於C級顧客，銷售人員應訴諸於分期付款優待辦法或稍微減價。

4. D級顧客：這是指既無購買能力，又無購買意願的人。對於D級顧客，銷售人員應促請其介紹親友來參觀或購買。

（七）顧客名冊追蹤

所有到工地參觀或打電話洽詢的顧客，銷售人員應設法留下他的姓名、地址、電話（譬如以贈送精美小紀念品或索取精美說明書請留下資料的方式），一則可建立準顧客資料，二則可憑此名冊進行事後追蹤的工作。

一般說來，顧客在尚未購屋之前，因為害怕銷售人員的糾纏，大都不願留下資料，這時銷售人員應以誠懇的態度取得顧客的信賴之後，較易得到姓名、地址及電話（其實就是一張名片）。

七、促銷活動

房地產的促銷活動雖然只是配合人員推銷與廣告企劃的一種輔助性工具，然而它的確能在短期間內產生加成的作用，促使個案達到輝煌的銷售成果。

（一）必須掌握的原則

製造購買高潮，刺激購買情緒。

（二）根據的原理

愈多人買的商品，愈容易造成搶購；愈少人買的商品，愈少人問津。

（三）促銷的方法

1. 打電話到銷售工地製造買氣，刺激買氣。

2. 扮演假顧客，誘導顧客購買。

3. 在銷售現場用電話、廣播、銷售人員的交談，製造出交易活絡的氣氛，刺激購買慾。

4. 製作灌水的銷售報表，刺激買氣。

5. 贈送小紀念品，吸引大批人潮，製造買氣。

6. 以低於平常的價格，在某一特定期間內，削價出售。

7. 針對購屋者，贈送汽車、冷氣機、電冰箱、音響等，這對猶豫不決的顧客，常能產生臨門一腳的功效。

● 實例六

家電商品促銷企劃案

名稱：家電商品促銷企劃案

撰稿人：郭泰

參考資料：推銷百科全書

家電產品的店面促銷活動，主要包括：

一、舉辦促銷活動。

二、舉辦小型展售會。

三、訪問推銷。

茲分項詳細論述於後。

▌一、舉辦促銷活動

（一）促銷活動的重點

經營商店主要的目的就在賺錢，因此要如何吸引消費者注意，刺激購買慾，造成購買高潮，是商店經營成敗的關鍵所在。適時的展開促銷活動，乃是經營戰略中不可或缺的利器。

　　促銷活動的重點就在如何刺激消費者的購買慾望，如何煽動、鼓舞購買動機轉變為實際購買行動，以達成交易。

　　新奇、有趣、實惠的促銷活動，經常能在旺季時錦上添花──使業績更好，能在淡季時雪中送炭──提升低迷的業績，因此在商店經營上扮演重要的角色。

（二）如何辦好促銷活動

　　1. 必須有周詳的計畫，徹底的實施，才能使促銷活動達到預期的效果。

　　2. 重視店員服務的熱忱與誠懇的態度。

　　3. 加強店員應對的技巧與推銷話術的訓練。

　　4. 有效使用顧客資料與潛在顧客資料。

　　5. 製作海報、旗幟、布條等店頭裝飾物，造成熱鬧的銷售氣氛，以增進顧客的吸引力。

　　6. 促銷活動必須搭配訪問推銷，效果更佳。

（三）促銷活動實施要領

　　1. *初步籌劃*：大約在三十天前

　　　⑴ 確定活動名稱、實施期限以及進行方式。

　　　⑵ 編列預算。

　　　⑶ 擬定企劃案。

　　2. *準備宣傳資料*：大約在二十天前

　　　⑴ 確認廣告宣傳的方式。

(2) 活動外套的設計與訂製。

(3) 傳單、海報、DM、POP的設計、完稿與製作。

(4) 聯繫有關的媒體──社區報紙、地方電台、有線電視台、網路電台等。

(5) 製作紀念品或贈品（顧客來店時免費贈送）。

3. 召開店內員工會議：大約在七天前

(1) 向員工說明促銷活動的內容與目的。

(2) 分配個別工作。

(3) 統一推銷話術。

(4) 鼓舞士氣。

4. 寄發宣傳資料：大約在四天前

(1) 根據顧客與潛在顧客資料寄發DM。

(2) 在方圓五百公尺之內的住家與公司行號，挨家挨戶分發宣傳單。

(3) 再度聯繫媒體，確認消息的發布。

5. 商店內外的布置：大約三天前

(1) 清點庫存，要充分進貨。

(2) 陳列商品，機種要齊全。

(3) 張貼海報，懸掛布條與旗幟。

(4) 商品的標價卡全部換新。

(5) 備妥商品說明書與紀念品。

6. 最後的催促與聯繫：大約一天前

(1) 在方圓五百公尺之內的住家與公司行號，再次分

發宣傳單。

(2) 若干重要顧客，用電話再度邀請，確認他們能來店參觀。

(3) 三度聯繫媒體，確認消息的發布。

7. 促銷活動開始：當天

(1) 注意店內外的整潔。

(2) 全體員工穿上配合活動訂製的外套。

(3) 加強顧客的接觸。

(4) 商品的解說與操作。

(5) 贈送紀念品。

(6) 記錄銷售商品的類別、機種與金額。

(7) 成交商品的配送與安裝。

8. 檢討成果：活動結束之後

(1) 統計銷售成果。

(2) 檢討利弊得失。

(3) 結算費用與盈餘。

(4) 慰勞員工。

（四）每月促銷活動的宣傳主題

| 一月 |

1. 配合節慶：元旦、春節。

2. 宣傳主題：年終、婚嫁、賀春。

3. 主力商品：電視機、洗衣機、電冰箱、音響、Blue-

Ray、DVD等。

  4. 工作重點：

    (1) 蒐集婚姻之情報資料。

    (2) 展開嫁妝的訪問推銷活動。

    (3) 對意見領袖進行春節拜年。

    (4) 郵寄賀年卡。

| 二月 |

1. 配合節慶：西洋情人節（2月14日）。

2. 宣傳主題：送給情人一個最難忘的禮物。

3. 主力商品：種類不拘，各種家電商品均可。

4. 工作重點：

    (1) 蒐集有關西洋情人節的資料。

    (2) 分別站在男性與女性的立場，代為挑選出較具代表性的禮物（通常以當年較流行之商品為主，譬如：平面電視、DVD、高級音響等）。

| 三月 |

1. 配合節慶：婦女節。

2. 宣傳主題：慶祝婦女節。

3. 主力商品：洗碗機、洗衣機、電視機、音響。

4. 工作重點：

    (1) 慶祝三八婦女節，洗碗機大優待（尊重女性請把

每天煩人的洗碗工作交給洗碗機）。

(2) 迎接盛暑冷氣機旺季的來臨，蒐集冷氣機潛在顧客名單。

｜四月｜

1. 配合節慶：兒童節、清明節。

2. 宣傳主題：慶祝開店十週年（假設的狀況）。

3. 主力商品：全部家電商品。

4. 工作重點：

(1) 凡來店者都贈送精美紀念品。

(2) 為了慶祝開店十週年，從4月2日至4月12日十天之內，本店所有家電商品特價優待。

(3) 郵寄冷氣機資料給潛在顧客。

｜五月｜

1. 配合節慶：母親節（五月第二個星期天）。

2. 宣傳主題：慶祝母親節。

3. 主力商品：洗碗機、洗衣機、冷氣機、除濕機。

4. 工作重點：

(1) 為慶祝母親節，讓終年辛勞的母親有更多的休閒時刻，特別舉辦洗碗機與洗衣機的特價活動。

(2) 展開冷氣機積極訪問推銷。

|六月|

1. 配合慶節：端午節（農曆五月初五）、梅雨季節
（芒種之後的三十天）。

2. 宣傳主題：端午節大拜拜。

3. 主力商品：電冰箱、烘衣機、冷氣機、除濕機。

4. 工作重點：

　　(1) 配合端午節，電冰箱大特賣。

　　(2) 配合梅雨季節促銷烘衣機、除濕機。

　　(3) 冷氣機繼續積極訪問推銷。

|七月|

1. 配合節慶：高中與大學入學考試、小暑至大暑（最
　　熱的月分）。

2. 宣傳主題：高中與大學入學考試消息、消暑。

3. 主力商品：冷氣機、電視機。

4. 工作重點：

　　(1) 冷氣機分期付款大優待。

　　(2) 電視機特賣活動。

|八月|

1. 配合節慶：父親節。

2. 宣傳主題：慶祝父親節。

3. 主力商品：電視機、冷氣機、小家電。

4. 工作重點：

　　(1) 慶祝父親節，電視機酬賓大優待。

　　(2) 促銷電鬍刀、檯燈、鬧鐘、電動洗牙機等小家電

　　　　為父親節禮物。

　　(3) 冷氣機存貨折扣大優待。

| 九月 |

1. 配合節慶：軍人節、教師節。

2. 宣傳主題：慶祝九三軍人節與九二八教師節。

3. 主力商品：全部家電商品。

| 十月 |

1. 配合節慶：雙十節、華僑節（二十一日）、光復節。

2. 宣傳主題：慶祝光輝十月，歡迎歸國華僑。

3. 主力商品：電視機、洗衣機、DVD、洗碗機。

4. 工作重點：

　　(1) 凡是歸國華僑憑證特價優待。

　　(2) 開始蒐集年底結婚的顧客名單。

| 十一月 |

1. 配合節慶：感恩節（第四個星期四）。

2. 宣傳主題：感恩節，感謝父母養育之恩，感謝老師

教導之恩。

3. 主力商品：電視機、洗衣機、電冰箱、音響。

4. 工作重點：

(1) 為倡導感恩，凡購買商品贈送父母或老師者，特價優待。

(2) 繼續蒐集年底結婚的顧客名單。

｜十二月｜

1. 配合節慶：耶誕節、結婚旺季。

2. 宣傳主題：討個漂亮老婆過好年。

3. 主力商品：全部家電產品。

4. 工作重點：

(1) 積極展開嫁妝的推銷工作。

(2) 年終商品大特賣。

（五）辦理促銷活動實例

1. 宣傳主題：為慶祝母親節，某某牌無聲高溫殺菌洗碗機雙重大優待，一是折扣優待，二是分期付款免息優待。

2. 促銷辦法：

(1) 每部洗碗機原價三萬元，特價二萬七千元。

(2) 分十二期免利息分期付款，每期只付二千二百五十元。

3. 銷售對象：針對有心孝順的成年兒女，花二萬多元買一部洗碗機送給母親，向終年辛勞的母親表達孝心。

4. 宣傳方式：

(1) 方圓五百公尺挨家挨戶分送宣傳單。

(2) 重點潛在顧客寄發DM，傳達特價消息。

(3) 雇用宣傳車進行三天的巡迴宣傳。

(4) 店面拉出紅布條、豎立旗幟、張貼海報以及POP。

5. 店面布置：

(1) 安裝一部洗碗機，讓它實際運轉，並在洗碗機上放置精製的POP與標價卡。

(2) 留意洗碗機上的POP，張貼宣傳海報，懸掛布旗的搭配。

(3) 在店裡面插滿康乃馨，以增加母親節氣氛。

(4) 店內播放歌頌母親的歌曲。

(5) 設法製造店內熱鬧的氣氛（譬如說安排親友為假顧客）以吸引顧客。

6. 殺價處理：

(1) 原則上告知這已經是特價。

(2) 若對方一味殺價，應以贈送品來因應；若是女士殺價，則贈送洗碗精；若是男士殺價，可考慮贈送電鬍刀等小家電。

▌二、舉辦小型展售會

舉辦小型展售會與前述舉辦促銷活動有些不同，後者是

配合一年之中每個月的節慶所進行的促銷活動，而前者則是在新產品發售或為了對某種商品加強銷售時，選擇一個恰當的場所，陳列商品，邀請有購買潛力的顧客前來參觀，並在展示會場指派專人，適時說明商品的性能、效果以及用法，誘導潛在顧客購買，進而達到銷售的目的。

通常只要花少許的經費，就能收到很大的推銷效果，這是小型展售會的最大優點。小型展售會依展示場所的不同，可區分為店面小型展售會與特定場所小型展售會，茲說明如下：

（一）店面小型展售會實施步驟

1. 事前周全的準備

(1) 擬定邀請對象與邀請人數：

a. 邀請對象：以曾留過名片或地址，表示對該商品有興趣的潛在顧客為主。

b. 邀請人數：每次以五十人左右最恰當。

(2) 寄發邀請函：邀請對象決定之後，必須寄上正式的邀請函，以示慎重。

(3) 決定展售之商品：

a. 假如為介紹新產品上市時，應以新產品為主。

b. 假如為加強銷售某種商品時，展售的商品必須配合季節性，才能刺激顧客的實際需要，也就是說，夏季應展示冷氣機、電冰箱、洗碗機、

電扇等，冬季應展示電視機、洗衣機、Blue-Ray、DVD、電暖器等。

(4) 展售日期：

　　a. 原則上宜選在星期天或例假日。

　　b. 日期最起碼要在三十天之前決定，以便有充裕的準備時間。

(5) 準備精美紀念品：為提高受邀者的出席率，凡來店參觀留下姓名、地址、電話者，贈送精美紀念品。

(6) 店面商品陳列：陳列商品要以醒目與易於接觸為原則，讓顧客有實際操作的機會，以刺激其贈買慾。另外需準備商品說明書。

2. 展售會場現場

(1) 請參觀者簽名：請來店參觀者留下姓名、址址、電話，做為日後追蹤之資料。

(2) 派專人解說商品的性能與示範用法，並邀請顧客嘗試實際操作，將有助於促成交易。

(3) 在成交的商品上張貼「某某女士（或先生）訂購」的字條，以增加購買的熱烈氣氛。

(4) 對訂購的顧客，送貨要迅速，安裝要妥善，並詳細說明使用方法，做好售後服務。

3. 會後追蹤

(1) 展售會結束後，對那些仍猶豫不決的顧客，實施

　　追蹤登門拜訪，催促其下決定購買。

(2) 對於沒有購買的顧客，也要在會後寫信致謝，感謝他們蒞臨參觀指導，建立良好的關係。此次不買的顧客，很可能下一次就購買了。

（二）特定場所小型展售會實施步驟

　　所謂特定場所小型展售會，是指租借機關、學校、公司、工廠，或是社區、市場的某一臨時場所舉辦的小型展售會。主要顧客即為該特定區域的職工或居住附近之居民。實施步驟如下：

1. 事前周全的準備

(1) 租借場所。

(2) 決定展售日期：

　　a. 假如租借機關、學校、公司、工廠等場所，因銷售對象即為該特定場所的職工，因此必須選擇職工上班的日期。

　　b. 假如租借社區或市場的臨時場所，因銷售對象為社區居民或到市場的居民，因此選擇星期例假日人多時較妥當。

(3) 展售商品與季節、顧客之配合：

　　a. 展售的商品，若夏季以冷氣機、電冰箱、洗碗機、電扇為主，若冬季以電視機、洗衣機、DVD、電暖器、音響為主。

　　b. 根據顧客的不同，陳列商品應有別。當對象為
　　　 婦女時，應以洗碗機或洗衣機為主；當對象為
　　　 年輕人時，應以時髦商品為主。

(4) 準備贈送品：為招徠顧客，促成交易，應贈送精
　　 美紀念品。

(5) 場地布置：場地是臨時租借，無法講求盡善盡美
　　 的布置，但起碼要做到下列三點：

a. 產品陳列務必醒目，讓顧客易於接近。

b. 準備充分的產品說明書。

c. 張貼海報、懸掛布旗、商品POP，務必製造出熱
　　鬧的氣氛。

2. 展售會場現場：

(1) 分發宣傳單。應於當天在租借場所，針對他們的
　　 職工分發宣傳單，使人人知道今天在此地正舉辦
　　 小型展售會。

(2) 利用社區或市場的播音器，廣播告知附近居民此
　　 地正舉辦小型展售會。

(3) 請職工或居民代為宣傳介紹，製造人潮。

(4) 請參觀者簽名：請留下姓名、地址、電話（贈送
　　 紀念品），做為日後追蹤的資料。

(5) 指派專人解說商品的性能以及示範用法，並鼓勵
　　 顧客嘗試實際操作，如此有助於促成交易。

(6) 在成交的商品上張貼「某某先生（或女士）訂

購」之字條，以增進購買的熱烈氣氛。

(7) 對訂購的顧客，送貨要迅速，安裝要妥善，並詳
　　細說明使用方法，做好售後服務，以取信顧客，
　　使他們樂於介紹新顧客。

　3. 配合展售會舉辦分期付款：此法可減輕購買者的負
擔，增加購買的慾望。

　4. 會後追蹤：

(1) 對未購買者寄出感謝函，維繫關係，期待於未來。

(2) 對猶豫不決者，繼續追蹤，不斷訪問推銷。

三、訪問推銷

（一）訪問推銷的重要性

　整天枯坐店裡面等待顧客上門的蜘蛛式推銷法（蜘蛛張
網等待蟲兒飛上網），已經不能適應今天家電商品激烈競爭
的趨勢。不論為了增加商品的銷售量，或是為了突破銷售上
的瓶頸，端賴持續不斷的訪問推銷。

（二）訪問推銷成功三要素

　1. 心到：時時關心業績，不斷充實自己。

　2. 眼到：眼觀四方，尋找潛在的顧客，整理訪問名單。

　3. 腳到：勤於跑腿服務，多做訪問推銷。

（三）訪問推銷的六個步驟

1. 擬定推銷目標

(1) 預計本月的銷售額。

(2) 規劃有效的訪問戶數，每人每天以十五戶為目標。

(3) 依照季節決定主力產品的銷售台數。原則上，主力商品應占銷售額的七成。

　　a. 夏季的主力商品：洗碗機、電冰箱、冷氣機、電扇。

　　b. 冬季的主力商品：電視機、洗衣機、DVD、Blue-Ray、電暖器。

2. 列舉訪問名單

(1) 擬定有效訪問名單：依據老顧客資料，準顧客資料以及從報紙、餅店、婚紗公司等得到的線索擬出有效的訪問名單。

(2) 安排訪問路線：從訪問名單中選出地址接近者，安排訪問路線，可減少往返交通時間，並增加有效的訪問戶數。

3. 訪問前的準備工作

(1) 事後信函通知：在訪問之前，先寄一封簡函通知訪問日期，以免登門拜訪時撲空。

(2) 事前電話通知：事前用電話聯絡，預先通知受訪者，亦可收到與信函相同之效果。

(3) 準備訪問所需的工具：訪問時的輔助工具包括：名片、商品目錄、價目表、分期付款價目表、訂單、分期付款契約書、檢修工具、訪問未遇的留函等等。

4. 接近顧客的程序與技巧

(1) 接近顧客的程序：從寒暄開始（開場白：敬菸）→切入正題→誘導顧客對商品產生興趣→幫助顧客做恰當的選擇→提出優待辦法→達成交易。

(2) 必須具備充分的商品知識，以答覆顧客各種對商品性能與操作的問題。

(3) 對所推銷的商品必須有絕對的信心與百分之百的瞭解，才能使顧客產生信賴感。

(4) 良好的第一印象有助於商品的推銷，因此必須留意服裝儀容的整潔。

(5) 以親切誠懇的態度讓顧客產生好感。

(6) 若時間允許，可順便做舊產品檢修服務。

5. 訪問推銷的談話術

(1) 投其所好適時推銷商品：投顧客之所好，說一些他們愛聽的話題，博取對方的好感，消除戒心，適時把話題引到商品上。

　　｜實例一｜顧客喜歡看棒球：「目前擔任總教練的林易增，在他十一年職棒生活中盜壘成功二九〇次，真不愧『盜帥』的

美名。」如此先投其所好，再談到看
職棒轉播需要一部畫質優美的彩色電
視機，適時引介我們的品牌。

| **實例二** | 顧客喜歡聽音樂：「聽說您對音樂有
很高的造詣，最近的馬友友演奏會，
不知您有沒有去欣賞呢？」如此藉音
樂的話題，再把公司銷售的高級音響
介紹給對方。

(2) 讓顧客覺得「現在買，最划算」：利用公司在折
扣優待或是即將缺貨的時機，促使顧客當場決定
購買。

| **實例一** | 「我們公司正在舉辦八折酬賓待活
動，現在買最划算。」

| **實例二** | 「這是今年最暢銷的機種，目前正搶購
中，我們店裡只剩這一部了，您現在不
買的話，說不定明天就被買走了。」

(3) 應付顧客拒絕的話術：在從事訪問推銷時，遭遇
顧客拒絕購買乃是常事，這時應以平常心視之，
並設法找出他拒絕的原因，再加以說服。

| **實例一** | 當顧客說：「我們家裡還不需要。」
我們就說：「買不買是另一回事，或
許將來就有需要，不妨乘此機會參考
看看，反正看也不用花錢嘛！」

|實例二|當顧客說：「太貴了！」我們就說：
「您說得對，我們的確比別的品牌貴
了一點，不過我們的品質較佳，其他
品牌只能用五年，我們的可以用十
年，算起來還是我們的便宜。」

|實例三|當顧客說：「沒有錢。」我們就說：
「現在沒有錢沒關係，我們公司有分期
付款的辦法，手續簡便，付款輕鬆。」

6. 達成交易：當顧客決定購買之後，立刻取出訂單請
顧客簽下，以免節外生枝。隨後安排送貨日期，並向顧客詳
細解說使用方法，並確實做好售後服務工作。

（四）訪問推銷的檢討

1. 整理訪問推銷的資料。

2. 舉行檢討會議，彼此交換成敗心得。

3. 對尚未購買的顧客擬定再度訪問計畫。

● 實例七

推銷員甄選企劃案

名稱：推銷員甄選企劃案

撰稿人：郭泰

一、基本條件

推銷員的基本條件包括身體方面的條件、性格方面的條件以及其他學歷的條件等等，茲分別說明如下：

（一）身體方面的條件

1. 體力：推銷員雖然不必有運動選手或從事勞動工作者那樣強壯的體魄，因為推銷員必須全天候四處奔波，從事推銷活動，所必須具備較一般人更好的體力。

一般說來，身體有殘缺者，譬如：聾啞、眼盲、手腳殘缺等，是不適宜從事推銷的，但也有例外，像美國壽險推銷奇才卡爾・巴哈（Karl Bach），是個很能走路的瘸子。

2. 外貌：推銷員的外貌不一定要英俊瀟灑，但奇形怪狀也不宜，最理想的一副經常帶著微笑，使人感到友善、親切、可靠的臉孔。

3. **性別**：傳統上的推銷員大都是男性，不過，近年來已經有很大的改變，許多行業都改採女性為推銷員，而且成效卓著，譬如：房地產公司的售屋小姐、壽險公司的外務員、汽車公司的推銷員等等。

4. **年齡**：推銷員有年齡的限制。太年輕，客戶感覺浮躁，不牢靠；太老，血氣已衰，衝勁不足，熱忱不在。所以，一般的推銷員大都在二十五至四十五歲之間。

當然，也有年齡達五、六十歲者，仍然虎虎生風，業績傲人，不過那是例外。

（二）性格方面的條件

1. **自制力**：推銷員大部分的工作都是在無人監督之下完成的，因此，必須有高度自制能力的人，才能擔任此工作。也唯有具備高度自制力的推銷員，才能有效地管理自己，自動自發，按照既定的計畫，順利地達成目標。

2. **外向性**：推銷員必須具備「對人感興趣」的外向性格，才能不斷地獲得潛在客戶，而內向的人厭惡與陌生人攀談，所以不宜擔任推銷工作。此外，外向的人比較明朗、開放、熱情，這些都是成功推銷員必備的特質。

3. **創造力**：推銷員每天要面對形形色色的人，要處理千奇百怪大大小小的問題，絕對沒有一套行之四海皆準的法則。唯一可行之道就是，熟悉商品知識與推銷技巧之後，加上創造力，才能應付自如。

　　4. 信賴感：高竿的推銷員都知道，在推銷產品之前，一定要先把自己的人格推銷給客戶，這樣的話客戶才會對你產生信賴感。要培養出讓客戶信賴的性格，就得先學習如何推銷自己。

（三）其他條件

　　1. 學歷：按理說，推銷員似乎不應有學歷的限制，然而台灣是一個重視學歷的社會，一般人總認為學歷與能力正成比，因此在甄選推銷員時，往往把學歷當做條件之一。

　　2. 經歷：經歷是一個人過去工作的歷史，從一個人過去的工作經驗，可得知：

　　　⑴ 工作能力與特殊技能。

　　　⑵ 與人相處的能力。

　　　⑶ 是否可靠？忠誠度如何？

　　　⑷ 是否穩定？經常換工作嗎？

　　3. 配偶的諒解：成功的推銷員除了睡眠時間之外，幾乎都在工作，可以說「沒有下班的時間」（以房地產銷售員來說，你根本不知道客戶何時會打電話給你，全天候都在待命狀況）。因此，勢必會影響到家庭的生活，所以，要事先取得配偶（妻子或丈夫）的諒解。

▌二、甄選計畫

　　推銷員的甄選計畫包括銷售目標、甄選對象、人力來源、訓練計畫、預算等，茲說明於下：

（一）銷售目標

　　甄選推銷員的目的，無非是在尋找優秀的推銷員，進行企業的銷售企劃案，以達成銷售的目標。因此，在談到甄選對象之前，要先知道銷售的目標。

　　銷售目標包括：賣何種商品？賣給誰？在何處賣？何時賣？賣的目標額？確定上述的銷售目標之後，才能夠依此決定錄取對象的學識、能力、性別、年齡、專長等等。

　　舉例來說，某電腦公司徵求電腦管理軟體銷售工程師，它賣的產品是電腦管理軟體，賣的對象是速食店，在台北市賣，預計每人每年要賣出電腦軟體一百組。

　　根據上述的銷售目標，決定錄取的對象為：大學電腦相關科系畢，有電腦軟體專門知識，男，二十五至三十五歲，熟悉台北市速食業。

（二）甄選對象

　　甄選對象時，要考慮的問題有：性別、年齡、性向、學經歷、專門技術等等。

　　另外亦須考慮到甄選的對象是長期性或臨時性的推銷

員。前者需要花費較多的訓練費用，採取長時間的培養；後者的錄取條件與訓練內容，則以配合臨時銷售活動為主。

（三）人力來源

目前推銷員的人力來源，大概不外下列八種：

1. 經由人力網站求才。
2. 在報紙分類廣告上求才。
3. 在戶外看板上張貼徵人啟事。
4. 學校推介。
5. 職業介紹所推介。
6. 企業內職員的推介。
7. 親友的推介。
8. 在企業內其他部門挑選。

（四）訓練計畫

沒有訓練過的推銷員，就像沒有訓練過的士兵一樣，毫無戰鬥力可言，絕不可能攻城掠地，打勝仗。因此，在甄選推銷員時，就要擬定好錄取後的訓練計畫。

推銷員的訓練計畫包含：訓練的意義、訓練的目的、訓練的過程、訓練的內容、訓練的階段等。

（五）預算

在甄選過程中，刊登廣告、模擬試題、性向測驗、專門

技能考試等全部要花錢，因此得編列預算，希望用最少的費用，達到良好效果。

▌三、應徵者剖析

一般社會大眾都認為推銷是低人一等的職業，因此，除非走投無路，大都不會去應徵推銷的工作。這也導致各企業常有推銷人才難覓的困擾。

可是，徵才者絕不可因為推銷員難尋，就馬馬虎虎，來者不拒。還是要慎重其事，並找機會糾正應徵者對推銷錯誤的觀念，這樣才能找到好人才，也才能留住好人才。

要剖析應徵者，可從目前有無工作來探討。

（一）目前無工作者

1. **應屆畢業生**：每年六、七月間，全國大專院校都有大批應屆畢業生，這是徵求人才的好時機。只是男性畢業後可能還有兵役問題，另外還要設法說服他們對推銷工作的誤解。

2. **失業者**：失業的原因不外：

　　⑴ 因企業倒閉而失業者。

　　⑵ 因企業裁員而失業者。

　　⑶ 因能力不足而遭辭退者。

　　⑷ 因屆退休年齡而失業者。

　　上述四種失業者之中，第四種人最適宜當推銷員，原因何在呢？因為屆退休年齡而失業的人，除了年齡稍高（五十五歲至六十歲），體力較差之外，不但有豐富的工作經驗與良好的社會關係，還有強烈的工作意願，所以他們是最恰當的人選。

　　3. 家庭主婦：因為國民所得增加，家庭普遍電器化的緣故（特別是在洗衣機與洗碗機普及後），家庭主婦空閒的時間愈來愈多，逐漸成為人力的來源。還有許多四十幾歲的中年婦女，孩子都已長大成人，不願賦閒在家，成為無用的人，寧願出來找工作，發揮自己的潛能，使生命更有意義。因此，家庭主婦已成為推銷人力的主要來源之一。目前若干直銷公司運用這方面的人力非常成功。

（二）目前有工作者

　　目前已有工作而想換工作的人，也是人力的主要來源，他們想換工作的原因不外：

　　1. 對目前的待遇不滿。

　　2. 對目前的主管不滿。

　　3. 認為公司沒什麼前途。

　　4. 認為目前的工作毫無保障。

　　5. 對目前的工作不感興趣。

　　6. 對公司的升遷或經營政策不滿。

　　7. 無法勝任目前的工作。

在甄選上述這種想換工作者，要瞭解離職的原因，有一種人天生欠缺適應環境的能力，三天兩頭地換工作，這種人不適合從事推銷工作。

四、甄選方式

推銷員的甄選方式可分為公開徵求、介紹徵求以及混合徵求三種方式，一般企業都以公開徵求方式為主，介紹徵求方式為輔，但也有採取混合徵求的方式。茲分別說明如下：

（一）公開徵求方式

1. 刊登廣告

　(1) 在人力網站上刊登求才資料：由於電腦逐漸普及化，人力網站乃應運而生。企業要求徵才，除了可在報紙刊登廣告之外，亦可與人力網站簽約合作，透過人力網站求才。用此種方式，不但費用比在報上刊登廣告低廉，而且平均一星期左右可找到人（透過報紙約需二至三倍時間）。

　(2) 刊登報紙分類人事廣告：目前廣告大都選擇銷售量較大的《中國時報》、《聯合報》、《蘋果日報》、《自由時報》上刊登分類廣告，應徵者對徵求公司印象優劣與分類廣告上的內容有密切關係，因此徵求公司在內容上應多加琢磨，以便能

吸引優秀的人才。

(3) 看板廣告：我們經常會在路邊的公告欄上看到許多徵人啟示，也常在商店門口看見「徵求店員」或「徵求服務生」的告示，這些均屬看板廣告。看板廣告幾乎不用花錢，然而只有路過的人才會看到，效果較差。

2. 學校的推介：目前台灣許多專科學校與商業職業學校都設有就業輔導部門，當企業需要人才時，可逕洽各學校，請他們向學生公布求才的消息，亦可請他們推薦。

此外，每年的六、七月間，各大專院校都有一批畢業生，企業可掌握此時機去函各校相關科系，請他們推薦人才；或到各校徵得課外活動同意後，把徵人的海報張貼在學校布告欄上；尤有甚者，直接派人到各系所舉辦求才說明會，常常會收到良好效果。

3. 職業介紹單位：介紹所良莠不齊，較難取得企業的信賴，倒是公營的國民就業輔導中心與行政院青年就業輔導委員會，至少可提供一些人力資源。

（二）介紹徵求方式

所謂介紹徵求的方式，就是指透過企業內同事的推介，或是在企業內其他部門挑選（譬如尋找推銷人才可到生產部門去徵求或挑選），或是親友的推介，所採取的方式。

若從「內舉不避親」的觀點視之，介紹徵求其實是一種

很好的求才方法，因為是同事或親友介紹的緣故，介紹人的內心無形中會有一種「要負責任」的壓力，對所介紹的人事前會先過濾，所以在能力、品德、性情方面應該不會太差。對求職者而言，由於是經過親友介紹的，所以對即將去應徵的公司與職務比較有認識與信賴。

　　介紹徵求的方式固然不錯，可是也有缺點。因為這是非公開徵求的方式，應徵人數勢必相對減少，如此可供選擇的人也就少了；另外，因為是介紹的，難免有人情上的壓力，舉例來說，若是某高幹推薦一個能力不足的人，主試單位在用與不用間就很為難了。

（三）混合徵求方式

　　所謂混合徵求的方式，亦即把上述「公開徵求」與「介紹徵求」混合起來使用的意思。

　　舉例來說，曾經有一家知名電器公司即採用混合徵求的方式徵求推銷人才。該公司在大報刊登四分之一頁措辭動人的求才廣告；也在104人力網站上刊登求才消息；並以公司總經理的名義，去函各校就業輔導處與各系主任，請他們推介人才，還配合派專人到各校說明未來工作的性質；此外，又在公司內部貼出海報，歡迎公司同仁的親友前來應徵。結果非常成功，錄取的名額只有十五名，卻有一千個人前來應徵。

▍五、甄選測驗

　　甄選測驗包括審核學經歷證件、測驗準備工作、筆試、體能測驗、面試等。

（一）審核學經歷證件

　　1. 學歷證件：要求繳交畢業證書影本即可，為預防造假，應去函其畢業學校複查。

　　2. 成績單：影本即可，為預防造假，應去函其畢業學校教務處複查。

　　3. 履歷表：一般單張表格式的履歷表過於簡陋，應要求繳交公務人員履歷表。

　　4. 自傳：要求五百至一千字介紹自己。

　　5. 推薦函。

　　6. 身體健康檢查表。

　　7. 特殊著作：繳交作品。

（二）測驗前準備工作

　　1. 測驗程序表。

　　2. 考試通知單。

　　3. 撰擬各種試卷。

　　4. 考場的準備。

　　5. 考試官。

　　6. 應徵者的膳宿、茶點、交通等問題。

（三）筆試（測驗的題目可向管理顧問公司或心理測驗中心洽詢）

1. 性向測驗：測驗應試者的性格特性（是否適合推銷工作）及其獨立性、穩定性、分析力、判斷力等。

2. 智力測驗：測驗應試者的智力、反應是否迅速以及對事物的細心程度。

3. 創造力測驗：可區分為圖形的創造力測驗與語言的創造力測驗。有創造力的人，對他們所追求的目標，都具備強烈的勇氣與執著，就是這一份異於常人的勇氣與執著，使他們敢於向傳統的價值觀挑戰，克服層層的困難，完成自己的夢想。

4. 常識測驗：此一測驗主要在測驗出應試者的一般常識程度，特別是與公司業務有關的一般常識。

5. 專門技術測驗：有若干商品（譬如說電腦）是屬於專門知識或技能的範疇，因此這類公司在甄選推銷員時，就必須有專門技能的測驗，瞭解應試者的專業知識水準，以利於錄取後的指導與訓練。

（四）體能測驗

要如何進行體能測驗呢？有的採用兩千公尺的長跑測驗；有的先做二十個伏地挺身，再扛一包米跑一百公尺，不一而足。

（五）面試

應徵者在通過筆記與體能測驗之後，最後得接受面試，面試可補筆試之不足，能看出應試者的儀容與態度，也較能看出應試者的組織、應變以及表達能力。面試之前，必須備妥面試場所、考試官以及面試記錄表。面試的場所可以利用公司裡的會議室，至於考試官，可聘請公司有經驗的部門主管，亦可請著名的管理顧問師擔任。面試的種類可分為個別面試、集體面試、集體討論三種。

1. **個別面試**：此乃應試者一人，考試官二至五人的面試，由考試官分別發問，時間以三十分鐘為限；有時為節省時間（應考者眾多），採取臨時給應試者一個題目，要他做五分鐘即席演講，考試官再就其表現評分。

2. **集體面試**：此乃應試者若干名，考試官四至八人的面試方式。當應徵者太多時，採用此法，缺點為不如個別面試詳細與深入。

3. **集體討論**：此方式有別於前兩者，先將應試者五至六人組成為一小組，然後丟下一個議題請他們自由討論，考試官不參加討論，僅在旁觀察評分。這是目前最客觀有效的方法。

▌六、錄取

在決定錄取名單之後，要發出錄取通知函，函中應註明試用期（通常為三至六個月）與待遇，並附上保證書，要求填妥保證書，找好保證人簽名蓋章後，於某日攜保證書至公司報到。

新進的推銷員報到之後，立刻得接受一系列的推銷訓練。在訓練之前還有宣誓儀式。若干制度良好的公司，在試用期滿之後，雙方還要簽訂正式工作合約，約定最低的服務年限與雇主雙方的權利與義務。

● 實例八

經銷商輔導企劃案

名稱：經銷商輔導企劃案

撰稿人：郭泰

參考資料：推銷百科全書

▌一、經銷商與企業體的關係

　　台灣每年都有許多的新產品上市，少部分上市成功，歷久不衰；大部分上市失敗，很快就在市場上銷聲匿跡。

　　新產品上市失敗的原因很多，或是產品的品質（或設計）不良，或是定價不恰當（太高或太低），或是廣告效果不佳等等，但也有可能產品的品質、價格、廣告等方面都好，卻因銷售通路不佳，使消費者無法順利地買到產品而導致失敗。因此，任何產品的經銷商，在銷售通路上都扮演非常重要的角色。

（一）經銷商是廠商的銷售代理人

　　經銷商是廠商與消費者之間的橋樑，它主要的任務就在溝通產與銷，調整供與需。經銷商全賴廠商提供產品，他們才能夠在商店銷售，並從中賺取廠商給予的折扣利潤，譬如

說經銷以定價的六折向廠商進貨，然後以定價的九折賣給消費者，從中賺取三成的利潤。在這一買賣過程中，廠商不直接賣產品給消費者，它是透過經銷商把產品銷售出去，因此經銷商是廠商的銷售代理人。

（二）經銷商是消費者的購物代理人

　　經銷商固然是廠商的銷售代理人，但同時也是消費者的購物代理人。

　　在本質上，經銷商是以滿足消費者的需要謀取利潤的。他們必須以消費者為中心，必須在滿足消費者需要的前提下，才有利可圖，因此經銷商並非推銷所有的產品，而是推銷能夠滿足消費者需要的產品。既然經銷商是以消費者的需要來決定所推銷的產品，那麼他們當然也是消費者的購物代理人。

（三）經銷商協助廠商分擔風險

　　經銷商除了是廠商的銷售代理人與消費者的購物代理人，它融通資金給廠商，分擔了風險；它提供倉儲，減輕廠商倉庫的壓力；它提供運輸服務，分擔廠商部分運輸費用。

▌二、輔導的主要內容

　　所謂經銷商輔導，顧名思義，是指廠商或總經銷（即批發商）對經銷商提供的指導與協助而言。更具體的說，是對經銷商的經營管理、推銷技巧、銷售促進、店頭設計以及其他促進業務所需之各種事項給予指導與協助。

　　經銷商輔導的主要工作內容包括下列三大項目：

（一）調整

　　經銷商需要調整的項目中，主要有三：

1. 經營態勢的調整。
2. 經銷責任區域的調整。
3. 經銷產品的調整。

（二）創造顧客需要

　　廠商協助經銷商創造顧客需要的方法很多，包括廣告宣傳、展示會、贈送樣品、示範表演、發行刊物、工廠參觀等等。

1. 廣告宣傳：這是指以商店顧客為對象的店頭POP廣告、海報、陳列裝飾等。
2. 展示會：協助經銷商舉辦商品展示會。
3. 贈送樣品：在店頭贈送樣品，以刺激消費者的購買慾。

4. 示範表演：在店頭舉辦示範表演，吸引消費者，製造人潮。

5. 發行刊物：包括廠商所發行的定期刊物（介紹公司的經營理念、營運現況、未來發展）與產品型錄與各式宣傳小冊。

6. 工廠參觀：聚集一定人數之後，安排到工廠參觀並欣賞介紹公司的幻燈片與影片。

（三）消除銷售阻力

廠商為了消除經銷商在銷售上的阻力，會運用下列七種手段：

1. 舉辦經銷商會議。

2. 舉辦研討會或講習班。

3. 銷貨額的折扣優待、現金購貨的折扣優待。

4. 頒發各類獎金，譬如：經銷業績獎金、出倉獎金、提前出貨獎金、保持定價功勞金等。

5. 經銷商競賽活動，譬如：銷售額競賽、推銷技術競賽、商品展示競賽、店舖裝飾布置競賽、商品使用方法創意競賽、銷售促進創意競賽等。

6. 發行各式推銷指導與商品指導小冊。

7. 企劃與供應各式推銷工具。

三、經銷商輔導員

（一）輔導員應有的認識

1. 對於市場方面

   (1) 市場的規模。

   (2) 市場的特性。

   (3) 市場的未來發展。

   (4) 公司在市場中的地位。

   (5) 推銷面臨的阻力及其程度。

2. 對於商品方面

   (1) 各類商品的銷售狀況。

   (2) 各類商品暢銷或滯銷的原因。

   (3) 各類商品的市場佔有率。

   (4) 各類商品的顧客階層。

   (5) 各類商品的顧客購買動機。

   (6) 各類商品的品牌知名度。

   (7) 顧客的不滿與怨言。

   (8) 顧客購買習慣的變遷狀況。

3. 對於競爭者與競爭產品

   (1) 在市場上的地位。

   (2) 與本身商品做優劣比較。

   (3) 在區域內的經銷店數。

   (4) 與經銷商的買賣條件。

(5) 經銷商輔導的策略。

(6) 通路策略及其變化。

(7) 店頭廣告的現況及其效果。

(8) 新商品的動態。

(9) 獎金與折扣優待辦法。

(10) 經銷商競賽活動。

4. 對於經銷商方面

(1) 銷貨額。

(2) 庫存情況。

(3) 銷售責任額。

(4) 銷售計畫與實施情況。

(5) 銷售能力的評估。

(6) 推銷人員的品質。

(7) 商店位置的條件。

(8) 店舖規模的大小。

(9) 經銷商品的變遷情況。

(10) 員工的向心力觀察。

(11) 顧客普遍的評語。

(12) 與公司協調配合的情況。

（二）輔導員實施四步驟

經銷商的輔導員，均需按照下列四個步驟進行經銷商的
指導與協助的工作。

1. 傾聽發掘問題：身為輔導員，應當傾聽經銷商的談話，主動發掘問題。碰到問題，必須先思索經銷商所提出的問題有無虛偽或誇張，再去尋求正確答案，千萬不可魯莽行事。

2. 檢討問題內容：針對經銷商所提出的問題，蒐集相關的資料，一方面有系統地加以整理，一方面根據事實仔細求證，詳加檢討。

3. 提出恰當建議：在仔細檢討過問題內容之後，提出恰當可行的建議，過分理想化或可能傷害對方的建議，根本無濟於事，都不宜提出。

4. 檢討成敗得失：輔導員提出恰當建議之後，必須檢核是否按照建議的內容實施，成效如何？如果沒有實施，原因何在？此外，站在輔導員的立場，應觀察與思索有任何需要繼續輔導的事項。

四、輔導五階段

廠商或總經銷若要有效地進行經銷商的輔導，必須按部就班根據下列五個階段實施：

（一）經銷商選拔

1. 實施信用調查。
2. 設定信用額度。

3. 簽訂經銷合約。

（二）銷售促進活動順序

1. 展開以經銷商為對象的公關活動。

2. 實施廣告宣傳活動。

3. 進行貨款完全回收活動。

（三）銷售活動指導與支援

1. 實施推銷實務指導與提供支援。

2. 實施貨款回收作業指導與提供支援。

3. 實施宣傳活動指導與提供支援。

4. 實施銷售促進活動指導與提供支援。

（四）經營指導與協助

1. 有關經營管理實務的指導與協助。

2. 有關經營組織及營業計畫的指導與協助。

3. 有關財務與預算控制的指導與協助。

4. 有關人事勞務問題的指導與協助。

（五）經銷商管理

1. 建立報告制度。

2. 修正信用額度。

3. 建立經營診斷制度。

▌五、輔導的方式

　　一般說來經銷商輔導的方式可分為集合教育、臨店指導、提供資料、代辦業務四項，茲說明如下：

（一）集合教育

　　所謂集合教育方式，顧名思義，是把經銷商集合起來，根據實際需要，實施各類課程教育的意思。課程種類有推銷技巧、貨款催收、票據實務、稅務會計、呆帳處理等等。

（二）臨店指導

　　所謂臨店指導方式，是由廠商培養專業的商店經營人才，或聘請學有專長的管理顧問師，蒞臨商店指導的意思。

（三）提供資料

　　這是指提供訓練教材、公司刊物、型錄、宣傳小冊、店舖改裝資料、店頭POP資料、商店陳列裝飾資料給予經銷商的意思。

（四）代辦業務

　　這是指由廠商代辦本應由經銷商自己處理的業務，這些代辦的業務包括稅務事項、會計實務、貨款回收、商品交貨等，目的在減輕經銷商的人力負擔，以增強營運與銷售能力。

▌六、輔導的目標

1. 增加銷貨額。

2. 增加銷貨利潤。

3. 穩定售價，防止削價求售或其他破壞價格情事。

4. 實現有計畫的推銷。

5. 節省行銷流通經費。

6. 完成百分之百的「完全銷售」。

● 實例九

舉辦效率會議企劃案

名稱：舉辦效率會議企劃案

撰稿人：郭泰

　　我們為什麼迫切需要一個有效率的會議企劃案，根據本公司成立十年以後，大小會議成為例行公事，似乎規定的時間到了，立即召集部室主管來開會，每每卻都是會而不議，議而不決，決而不行，白白浪費了大家寶貴的時間。

　　一個有效率的會議企劃案，必須包括下列八個項目。

▌一、確立開會的目的

　　舉辦效率會議的第一個要件就是，確立開會的目的，釐清開會的目標，一般說來，本公司開會的目的不外下列十項：

1. 訂定年度業務目標。

2. 宣布公司重大政策。

3. 因應公司發生之緊急事故。

4. 聽取各部門之報告。

5. 協調部門之間的衝突。

6. 公布新方案或新決定，凝聚共識。

7. 檢討公司不合時宜之規章制度。

8. 擬訂各部門教育訓練之目標與重點。

9. 新產品開發之研究討論。

10. 其他公司問題之挖掘、分析，並用腦力激盪謀求解決之道。

▌二、慎選參加會議的人

公司要舉辦一個有效率的會議，參加人數不宜太多，根據經驗，以八至十人為最恰當，人數太多的話，人多嘴雜，往往流於各說各話，很難凝聚共識。經過慎重選擇之後，下面這些都是必須參加的人。

1. 該議題的主要經辦人員。

2. 與該議題有關部門的主管。

3. 會議記錄人員。

4. 該議題或創意的發想者。

5. 對該議題或創意能夠提供參考意見的人。

6. 有權力批准該議題或創意的人。

▋ 三、事前準備工作

為何會議之初，就要確立開會的目的，釐清開會的目標，因為一旦決定召開會議，就要預測會議可能的過程，並且評估達成目標可能遭遇的困難以及困難的克服等等，這些事前應該準備的工作包括：

1. 各個部門可能採取的立場。
2. 與會者每個人可能的目標與期望。
3. 此議案通過的話，得失的評估？誰獲益？誰損失？
4. 此議案施行的話，是否會妨礙公司其他的目標？
5. 此案最敏感的爭論點在何處？
6. 什麼人可能堅持己見，是否需要事先溝通？
7. 什麼人需要略加刺激才願意表示意見？
8. 事先預知可能遭遇的困難，做好事前準備。

事實上，一個會是否開得有效率，順利而且成功，與事前準備工作是否充分，有極大的關係。

▋ 四、擬訂開會議程

會議經辦人員在擬訂開會議程時，必須兼顧下列要點：

1. 根據開會的目的設計議題。
2. 設計議題必須圍繞著一個主題，不列無關的議題，如此除了能夠限制與會人數之外，亦較便於討論。

3. 議題要事先擬妥，並在會議數天前印妥發放與會者，好讓他們有充分的發言準備。

4. 議題要給予恰當的討論時間。有的議題要充分討論，有的要鼓勵與會者發言，有的只須輕鬆帶過。這些細節事前要規劃，以便會議過程中能緊密掌握。

5. 除了恰當分配議題的討論時間，議題討論的先後次序需要考量到其重要性與彼此的關連性。

6. 會議的時間不要超過一小時，人們通常能夠在一小時內保持注意力，超過這個時間，效果便要大打折扣。

7. 如果會議要舉辦數小時甚至數天才能開完，最好每開一小時就休息十分鐘，以便恢復與會者的體力。

8. 會議過程中若需要補充資料或輔助器材，要事先備妥，以便開會時使用。

9. 在事先發放議題給與會人員時，須再三強調準時開會的重要性，以免拖延時間，影響效率。

10. 在設計議題時，若發現某些問題尚不夠格提到會議上，但又捨不得丟棄，最好的辦法就是建立附屬檔案。這個附屬檔案將來亦有可能發展成為另一個議題，它亦可做為寶貴的參考資料。

五、會議室的選擇與布置

（一）會議室的選擇

　　1. 會議室應以舒適、安靜、實用為三大前提。

　　2. 會議室的大小，應與開會人數匹配。

　　3. 會議室的通風設備要良好，應冬暖夏涼。

　　4. 會議室的照明設備要良好，光線明暗適宜。

　　5. 會議桌的高度應適宜，椅子要舒適，久坐不疲憊。

　　6. 若使用麥克風，須事先測試，並調整到理想音量。

　　7. 會議室優先選擇安靜且不易受外界干擾之房間。

　　8. 會議室的門窗愈少愈好，以免受到干擾。

　　9. 會議室應避免使用狹長的房間，那會拉長主持人與與會者間之距離。

　　10.會議室若有柱子，亦應避免，以免妨礙到彼此視線。

（二）會議室的布置

　　1. 控制會議室的出入口非常重要，以免受到遲到早退者的干擾。出入口應設在會議室之後半部。

　　2. 如果有兩個以上的出入口，應關閉其中一個。

　　3. 會議室若有窗門，盡量設法使座位背向窗戶，如此較不會受到外界干擾。

　　4. 洗手間需安置妥當，並讓與會者知道位置。

　　5. 須設置衣帽間，以便放置外衣、手提包、雨傘等。

6. 持相反意見者避免相對而坐，以免形成叫陣對罵情況。

7. 外來的電話不應接入會議室，以免影響會議之進行。

8. 依照實際的需要，會議室可分別布置為：長型桌、方型桌、圓型桌、U型桌等。

9. 黑板與講台的位置要高低、遠近適宜。

10.若有用到輔助的視聽器材，譬如：投影機、放映機、幻燈機等，其位置與高度須事先安排妥當。

▌六、有效率的會議主持人

要當一位有效會議主持人，不是一件簡單的事情。通常一位會議的主持人主要能掌握「會而有議，議而有決」兩個大原則的話，就能成為一個有率會議的主持人。要能「會而有議，議而有決」必須遵守下列十個原則：

1. 會議前充分準備，知道自己要講什麼，並且積極參與經辦人員布置會議室。

2. 深入瞭解與會者每一個人的態度與立場。

3. 以幽默的開場白，製造輕鬆的氣氛，激勵與會者踴躍發言。

4. 對於研討的議題，充滿信心與熱誠。

5. 清晰地說明會議的過程與目標。

6. 兼顧每一位與會者之意見，讓每個人均能暢所欲

言，收到會而有議的效果。

　　7. 容忍特立獨行，不同意見的人之發言。

　　8. 依照議程行事，準時開會及閉會。

　　9. 長時間的會議，每隔一小時休息十分鐘，以保持討論之體力。

　　10.會議結束時要做出結論，公布成果。讓與會者都知道決議案的內容，這是議而有決。

七、開會前的檢查

　　選擇並布置好會議室之後，在正式開會之前，一定要逐項做仔細檢查，這樣才能保證萬無一失。

　　1. 會議室通風設備，室溫調到恰到好處。

　　2. 會議的燈光控制，照明設備。

　　3. 桌椅是否安排妥當，座位足夠嗎？擦拭乾淨？

　　4. 參與者名牌，座位號碼單。

　　5. 參與者的書面資料、鉛筆、便條紙。

　　6. 麥克風備妥？音質與音量如何？

　　7. 每個人的茶杯（或礦泉水）。

　　8. 講台有準備嗎？高度適宜？

　　9. 黑板乾淨嗎？有粉筆與板擦嗎？

　　10.銀幕備妥了嗎？高度與位置恰當嗎？

　　11.準備圖表架了嗎？彩色筆與紙張備妥了嗎？

12. 投影機、放映機與幻燈機都檢查試用過了嗎？

13. 衣帽間準備了嗎？

14. 洗手間有指示圖？裡面備妥衛生紙？

15. 需要延長線嗎？

16. 垃圾箱需要嗎？

17. 提醒會議與會者準時到達。

18. 提醒會議記錄人員提早到達。

▌八、會後追蹤

為什麼我們在開過一個有效率的會議，不但會而有議，而且議而有決之後，還需要進行會後的追蹤呢？其目的就在看決議是否有徹底地執行，否則再好的決議案若沒去執行，或執行不夠徹底，那麼前面的會議就白開了。會後追蹤的要領如下：

1. 責成交代專人負責追蹤，於下次會議中提出報告。

2. 除了有專人負責追蹤之外，還需指派一位高階主管在旁督導，以達到「決而有行」的效果。

3. 公司的負責人應把執行與督促的工作區分開，有一批人員負責決議案的執行，另一批人負責督促前一批人去把工作徹底完成。亦即一批人在做，另一批在後面催著做，這樣收效最大。

實例十

個人生涯規劃企劃案

名稱：個人生涯規劃企劃案

撰稿人：郭泰

　　這是我在1985年，也就是我39歲那一年寫下的個人生涯規劃企劃案，38年來我幾乎是照著這個企劃案一路走過來的，對我的一生非常有參考價值。並於2023年底修訂。

　　一般人認為成年（年滿二十歲），或是大學畢業（大約二十三歲左右）是撰寫個人生涯規劃的好時機，然而根據我個人的實際經驗，不論年滿二十歲或是大學畢業，甚至服完兵役回來，都還相當稚嫩，不但毫無社會經驗，而且根本不知道有何人生目標與抱負，再說對自己的能力、性格、優缺點亦瞭解不深，這種情況下沒有能力寫下個人的生涯規劃。我認為，一個人大學畢業後，最少進入職場三年之後（大約年滿二十六歲）再來寫生涯規劃比較恰當，個人愚鈍，進入職場十六年之後才寫下這份企劃案。世上的偉人天資聰穎，從小就立定志向，做好生涯規劃，這些人不在本文討論之列。

　　我的生涯規劃包括對生命的態度、人生目標、人生導師、工作的選擇、居住的地方、婚姻的選擇、死亡的安排等

七個大項：

▍一、生命的態度

　　我相信生命是無常的，生命必須從死亡去看，才會積極地面對自己的未來，珍惜自己剩下的每一天。我的人生預定活到八十歲，雖然根據衛生單位的統計，男人的平均壽命達到七十七歲，我今（2023年）78歲吃喝拉撒睡大致正常，能夠工作，亦能旅遊，預估八十是個合理的年齡。這麼一算，我只剩三年好活（從七十八歲算到八十歲），時間多麼短暫啊！我如果不好好規劃一下，到頭來豈非枉走一遭。

▍二、人生目標

　　人生的目標就是人生的志向，希望自己在社會上扮演什麼樣的角色，亦即值得自己畢生去追求的東西，這些東西並非錢財、名位、權力，而是能夠實現自我的東西，真、善、美即屬這些東西，真理、美感、正義、仁愛亦屬這些東西。

　　有人選擇參加社運，為弱勢團體爭取權益，他的人生目標是追求「善」；有人選擇藝術創作，在海邊撿拾飄流木雕刻，他的人生目標是追求「美」；我選擇鑽研王永慶經營理念與股價漲跌的道理，我的人生是追求「真」，即那門學問的真理。

▌三、人生導師

　　人生導師指的是能夠對你傳道、授業、解惑的人，他能傳授你智慧，亦能指導你人生的方向，是你終身仰慕與學習的對象，此人可能是人師，譬如說：學校的老師、職場的上司、家中的父母親等等，這些人生導師都是你在生活中能夠實際接觸到的人物；亦可能是經師，這是指從書本或傳記等方面間接接觸到的人物。

　　我的人生導師是明朝醫學大家──「本草綱目」作者李時珍，他是位落榜的舉人，因對醫藥的濃厚興趣，從三十五歲起開始寫作，整整花了二十七年終於完成兩百多萬字的曠世鉅著《本草綱目》。他把一生都奉獻給《本草綱目》，但該書不但嘉惠當代，成為中醫的經典，至今仍影響全世界許多國家的醫學研究。

　　我在1985年，即三十九歲時因閱讀吳靜吉博士所寫的《青年的四個大夢》中講述到李時珍的事蹟時，大為感動，乃下定決心以李時珍為終身導師。希望將來自己有一本書跟《本草綱目》一樣，成為經典，能夠傳世。

　　李時珍從三十五歲起放棄科舉開始研究中藥，歷經二十七年，完成了三百萬字經典《本草綱目》；我從三十五歲起開始研究王永慶，歷經三十年，終於參透其博大精深的經營理念，並完成《王永慶經營理念研究》一書。我當然遠不如李時珍，至今他仍是我的人生導師，我以他為榜樣，至今仍

努力筆耕，天天鑽研股價漲跌的道理，不但在2012年悟出股價漲跌的道理，並提出「位置理論」的創見，並在2018年出版經典之作《逮到底部，大膽進場》。

▍四、工作的選擇

在大學畢業服完兵役之後，於二十三歲至三十九歲的十六年間，我總共換了十三個工作。我不斷更換工作的主要原因是：給自己尋找一個恰當的位置。

我體悟到，人類的痛苦都是因為把自己擺錯了位置。十六年來，從一開始「為生活而工作」，摸索到「為工作而工作」，再走到「為理想而工作」（符合前述的人生目標與人生導師，從事專業寫作），這是一條漫長艱辛的路程。當你為理想而工作時，才能體會出生命的尊嚴與工作的意義。這時你會領悟到，為尋找這個位置所付出的任何犧牲與代價都是值得的。

十六年來不斷更換工作，使我深刻體會出兩點：

1. 對於工作的選擇，絕對不能一味地追逐財富，否則到頭來必定徬徨不已，因為追求財富僅是手段而已，人生真正的目標是在：和諧、快樂、幸福。

2. 對於工作，一定要勝任才會愉快。社會就像一部大機器，有人適合當輪軸，有人適合當齒輪，更有人適合當螺

絲釘；與其去當一個自不量力、痛苦不堪的輪軸，不如去當一個勝任愉快的小螺絲釘。

▌ 五、居住的地方

有人喜愛住在熱鬧、方便的都市，但也有人喜愛住在清幽寧靜的鄉村。我的老家豐原介於兩者之間，即有都市的便利，又有鄉村的安靜，全年度陽光普照的時間長，氣溫適中，雨季又短，很適合人居住。

台灣除了豐原，花蓮也是我的最愛，不論是靠山的台九線，還是靠海的台十一線我都喜歡；當地地廣人稀，風景優美，物價低廉，民風敦厚，缺點是地震頻繁，常遭颱風侵襲，還有自來水中含較高石灰質，質量較差。因為我最愛大海，若要我從中選一，我會挑靠海的台十一線。

▌ 六、婚姻的選擇

在每個人的生涯規劃中，我認為婚姻也是一件大事，因為它與一個人每天生活是否幸福息息相關。有關婚姻，可以選擇結婚或不結婚。若選擇結婚，又可選擇結婚生子、兒女成群，或結婚不生子，成為頂客族；若選擇不結婚，又可選擇有性伴侶，或無性伴侶、獨自生活，甚至不婚生子。我認為結婚對男女雙方都是一種賭注，在婚前大家都會把缺點隱

藏起來,結婚之後每天生活在一起,缺點自然全部暴露出來。我總認為男女雙方結婚之後,除了性之外,要能發展出一種朋友般彼此欣賞或相互依賴的關係,婚姻生活才能長期維繫。

我選擇的婚姻是結婚生子,我慶幸自己有一個平淡、平靜、平安的婚姻生活。

▍七、死亡的安排

佛家把生命區分為生、老、病、死四個階段。任何人有生就有死,說得更白一點,一個人從出生那一天開始,就是一步步走向死亡。死亡是人生必經的歷程,不用過於害怕。我主張在生前就把死亡的事情交待清楚,這樣可以免除兒女的困擾。

到2023年10月開始,我已步入七十八歲,生命已經歷了佛家所說的生、老、病(慶幸是慢性病)等三個階段,距離我設定的八十歲還剩三年。

2023年陸續接到政大新聞系同學病故之訊息,此時已經到我們這一梯次輪流面對病痛與死亡的時候了。八十是一大關,藉由基督耶穌的信仰,我要鼓勵自己坦然面對病痛,並努力學習忍耐病痛與平靜接受死亡。

我們度盡的年歲好像是一聲嘆息。

我們一生的年日是七十歲，

若是強壯可到八十歲，

但其中所矜誇不過是勞苦愁煩；

轉眼成空，我們便如飛而去。

——詩篇90：9-10

　　人生無常，面對死亡，別無他法，只能順其自然，坦然
接受

企劃學

作　　者－郭泰
主　　編－林菁菁
企　　劃－謝儀方
封面設計－江儀玲
內頁設計－李宜芝

總 編 輯－梁芳春
董 事 長－趙政岷
出 版 者－時報文化出版企業股份有限公司
　　　　　108019 台北市和平西路三段 240 號 3 樓
　　　　　發行專線— (02)23066842
　　　　　讀者服務專線— 0800231705．(02)23047103
　　　　　讀者服務傳真— (02)23046858
　　　　　郵撥— 19344724 時報文化出版公司
　　　　　信箱— 10899 台北華江橋郵局第 99 信箱
時報悅讀網－ http://www.readingtimes.com.tw
法律顧問－理律法律事務所 陳長文律師、李念祖律師
印　　刷－勁達印刷股份有限公司
初版一刷－ 2024 年 1 月 5 日
定　　價－新臺幣 520 元
（缺頁或破損的書，請寄回更換）

企劃學 / 郭泰著. -- 初版. -- 臺北市：時報文化出版企業股份有限
公司, 2024.01
　面；　公分

ISBN 978-626-374-730-2(平裝)

1.CST: 企劃書

494.1　　　　　　　　　　　　　　　　112020838

ISBN 978-626-374-730-2
Printed in Taiwan